广东森林公园概览

虞依娜　王　琪　主编
米明福　李艳丽　陈丽丽　副主编

中国林业出版社

图书在版编目（CIP）数据

广东森林公园概览 / 虞依娜，王琪主编. -- 北京 : 中国林业出版社，2018.8

ISBN 978-7-5038-9665-1

Ⅰ. ①广… Ⅱ. ①虞… ②王… Ⅲ. ①森林公园－概况－广东 Ⅳ. ① S759.992.65

中国版本图书馆 CIP 数据核字 (2018) 第 166134 号

责任编辑：刘开运　张健
出版：中国林业出版社（100009 北京市西城区德胜门内大街刘海胡同 7 号）
E-mail：377406220@qq.com　电话：010-83143520
发行：中国林业出版社总发行
印刷：固安县京平诚乾印刷有限公司
印次：2018 年 8 月第 1 版第 1 次
开本：787mm × 960mm　1/16
印张：18.75
字数：285 千字
定价：98.00 元

编委会

主　　编：

虞依娜　王　琪

副 主 编：

米明福　李艳丽　陈丽丽

参编人员：

江堂龙　谢万燕　陈辉海　李　彪
林　平　廖业佳　王洪敏　李　鑫
徐英明　李　昊　唐　松　刘小蓓
孟　威　骆泽顺　张　机　丁绍莲

序

党的十八大以来，以习近平同志为核心的党中央首次将生态文明建设纳入中国特色社会主义“五位一体”总体布局和“四个全面”战略布局。党的十九大报告中明确指出，中国特色社会主义进入新时代，我国社会主要矛盾已经转化为人民日益增长的美好生活需要和不平衡不充分的发展之间的矛盾。在解决公众不平衡不充分发展的问题中，森林公园建设和森林旅游的发展已成为当前林业供给侧改革的重要抓手，是十分重要的朝阳产业、富民产业和绿色产业。

广东省是“七山一水二分田”的林业大省。广东省省委、省政府历来高度重视生态保护建设，坚持生态立省、实施绿色发展，全面推进新一轮绿化广东大行动，在全省掀起了建设森林公园的热潮，不断满足人民群众日益增长的对良好生态产品和生态服务的需求，已初步建成类型齐全、布局合理、管理科学、效益明显的森林公园建设管理体系和服务体系，并取得了较好的成效。到 2017 年底，全省已设立各级森林公园 1516 处（其中，城郊森林公园 900 多处，免费森林公园 600 多处），接待游客 2 亿人次。广东省森林公园设立处数、森林旅游总人数、公益性城郊森林公园建设、免门票接待游客人数、森林公园立法和规范管理等位于全国前列。

《广东森林公园概览》一书，展示了广东省森林公园秀丽的风光、优美的环境、丰富的景观。希望通过本书的出版，唤起人们走进自然、回归自然、亲近自然的热情，吸引更多的人了解森林公园、喜欢森林公园、热爱森林公园，提升人们尊重自然、顺应自然、保护自然的理念和意识，进一步促进社会各界和有关部门与林业的密切交流与深度合作，共同推进森林公园和森林旅游可持续发展。

目录

三、粤西地区

四、粤北地区

五、森林公园旅游注意事项

绪论

广东省森林公园建设与发展

1. 森林旅游资源概况

广东省地处中国大陆最南部。东邻福建，北接江西、湖南，西连广西，南邻南海，珠江口东西两侧分别与香港、澳门特别行政区接壤，西南部雷州半岛隔琼州海峡与海南省相望。全境位于北纬 20°09′~25°31′ 和东经 109°45′~117°20′ 之间，全省陆地面积 17.97 万 km^2。广东省属于东亚季风区，从北向南分别为中亚热带、南亚热带和热带气候，是全国光、热和水资源较丰富的地区，且雨热同季，降水主要集中在 4 ~ 9 月。全省有维管束植物 289 科、2051 属、7717 种；陆生脊椎野生动物有 774 种，其中兽类 110 种、鸟类 507 种、爬行类 112 种、两栖类 45 种，被列为国家Ⅰ级重点保护的有华南虎、云豹、熊猴和中华白海豚等 22 种，被列为国家Ⅱ级重点保护的有金猫、水鹿、穿山甲、猕猴和白鹇（省鸟）等 95 种（广东年鉴，2017）。

到 2016 年，全省林地面积达 1.63 亿亩*，森林覆盖率达 58.98%，森林蓄积量 5.73 亿 m^3（广东省人民政府办公厅，2017），林业产业总值达 7600 亿元。为使资源优势转化为经济优势，发挥森林的多种效益，改革开放以来，广东省逐步加大对森林公园的开发和建设力度，并大力发展森林旅游业，使森林旅游业逐步成为林业发展新的经济增长点。

2. 广东森林公园的建设与发展

创建阶段：1980~1991 年。广东省自改革开放以来，为了把资源优势转化为经济优势，充分发挥森林的多种效益，于 1980 年底，首先建立了广东省第一个森林公园——深圳沙头角海山森林公园，从此揭开了广东省乃至全国创建森林公园的序幕。1989 年 6 月，经原林业部批准，将深圳沙头角海山森林公园改为广东梧

* 1 亩 ≈ 0.0667hm^2

桐山国家森林公园。

蓬勃发展阶段：1992年至今。1992年8月，原林业部在大连市主持召开了全国森林公园工作会议，提出“加快森林公园建设，大力发展森林旅游”的意见后，全国有条件开发旅游的一些国有林场，都相继建立了森林公园。广东省也逐步加大了森林公园的建设力度，形成蓬勃发展势态。30多年来，广东省基本形成以国家级森林公园为骨干，省、市（县）级不同层次森林公园相互协调发展的建设管理体系。这一体系的建立与发展，能保护广东省多样化的森林风景资源和自然文化遗产，促进生态建设和自然保护事业的发展，推动林区产业结构的合理调整和林业对森林风景资源的经济利用方式的转变，摆脱长期困扰林业发展的消极保护与单一利用模式，走出一条不以消耗森林资源为代价，充分发挥森林的社会、经济和生态三大效益，促进林业全面可持续发展的新路子，成为区域经济发展的动力。到森林公园旅游，唤起人们保护森林，保护生态的意识。如今，森林公园已成为展示广东森林风景资源建设和保护的窗口，森林旅游接待人数逐年增长。

到2017年底，广东省已设立森林公园1516处，总面积125.19万hm^2，占全省国土总面积的6.96%、林业用地面积的11.42%。其中国家级27处，面积21.45万公顷；省级79处，面积11.49万公顷；市（县）级603处，面积82.67万公顷；镇（乡）森林公园807处，面积10.18万公顷。

2017年，全省森林公园共接待游客2亿人次，森林旅游收入32.46亿元，创社会综合产值约227亿元。

广东省森林公园分布概况

级别	数量（个）	面积（万hm^2）
国家级森林公园	27	21.45
省级森林公园	79	11.49
市（县）级森林公园	603	82.67
镇（乡）森林公园	807	10.18

一、珠三角地区

广东流溪河国家森林公园
广东石门国家森林公园
广东西樵山国家森林公园
广东南昆山国家森林公园
广东梧桐山国家森林公园
广东圭峰山国家森林公园
广东广宁竹海国家森林公园
广东北峰山国家森林公园
广东九龙湖森林公园
广东新岗森林公园
广东螺壳山森林公园
广东大屏嶂森林公园
广东大岭山森林公园
东莞同沙森林公园
东莞水濂山森林公园
东莞黄牛埔森林公园

广东流溪河国家森林公园

中文名称	广东流溪河国家森林公园
英文名称	Guangdong Liuxi River National Forest Park
地理位置	广东省广州市从化区北部
占地面积	9333.33hm^2
气候类型	南亚热带湿润季风气候
植被类型	南亚热带季风常绿阔叶林
森林覆盖率	88.55%
管理单位	广东省广州市流溪河国家森林公园管理处
公园级别	国家级
著名景点	三椏塘幽谷、小漓江、翡翠群岛、湖滨栈道、流溪绿道、孔雀岛

1. 位置

位于广州市从化区良口镇，距广州市中心 93km，105 国道直达，临近大广高速良口出口。

2. 气候

地处亚热带，气候温和，雨量充沛，资源丰富，物种众多。年平均气温 20.3℃，平均最高气温 31.9℃，平均最低气温 11.8℃，年平均降雨量 2000mm。由于山高林密，加上湖泊调节小气候，因而公园四季常青。

3. 地形地貌

地处九连山脉派生出来的南昆山和青云山支脉的结合部，公园主体属中低山山地地貌，东南高西北低，最高峰鸡枕山海拔 1146.7m。

4．植物资源

（1）园内共记录有野生维管束植物 182 科 737 属 1252 种，其中国家Ⅱ级重点保护野生植物 7 科 8 属 10 种，中国珍稀濒危保护植物 10 科 10 属 10 种。

（2）生物资源景观丰富多样，包括：季风常绿阔叶林、山地常绿阔叶林、山顶常绿阔叶林、暖性针叶林、针阔叶混交林、竹林等 9 类森林景观。

5．动物资源

（1）园内生存有野生脊椎动物 4 纲 26 目 72 科 177 种，其中两栖纲 2 目 6 科 18 种，爬行纲 3 目 11 科 33 种，鸟纲 14 目 36 科 85 种，哺乳纲 7 目 19 科 41 种。国家重点保护野生动物 23 种，其中国家Ⅰ级重点保护动物 3 种：蟒蛇、白颈长尾雉、金钱豹；国家Ⅱ级保护有虎纹蛙、大壁虎、穿山甲、雀鹰、蛇雕、白鹇等 20 种。

（2）野生动物资源可划分为：哺乳动物景观、鸟类景观资源、两栖动物景观、爬行动物景观、昆虫景观等。其中，鸟类景观资源的可见性、普及性和观赏性较高。常见的湿地鸟类有：鹭科的白鹭、池鹭、牛背鹭、夜鹭，翠鸟科的普通翠鸟、斑鱼狗、白胸翡翠以及金眶鸻、白骨顶、小鸊鷉、针尾鸭、绿翅鸭等。农田、果林、森林鸟类可见度较高的有红嘴相思鸟、红嘴蓝鹊、红耳鹎、白喉红臀鹎、黑鹎、白头鹎、棕背伯劳、黑卷尾、黑领椋鸟、大山雀、棕颈钩嘴鹛、画眉、珠颈斑鸠、暗绿绣眼鸟等。

6. 人文资源

据传，古时候，美丽动人的七仙女下凡，造福平民，人们将“千子湖”改名为“仙子湖”或“七仙湖”，并一直沿用至今。

7. 主要景点

三椏塘幽谷、小漓江、翡翠群岛、湖滨栈道、流溪绿道、孔雀岛。

8. 地方特产

流溪绿茶、流溪蜂蜜、流溪竹笋、流溪话梅。

9. 餐饮设施

松涛餐厅、丽湖轩、明美诺酒楼。

10. 住宿设施

流溪河国家森林公园宾馆主体分为鸟径别墅区之碧波、翠楼房客区等，拥有各类标准房、豪华套房、别墅客房共 100 余间、床位 200 个，配套设施齐全，有餐饮、大中小会议室、网球场、篮球场、野战、休闲木栈道、拓展、游船观光等。

11. 娱乐设施

（1）流溪河野战俱乐部：中国前卫区特博野战的专业俱乐部，是国家首批开业的俱乐部之一。目前的装备是全国首批新款99式美国彩弹枪及全新的防弹头盔，占山地松林2万m^2以上，有3个不同作战方式的战场——高地争夺战区、丛林狙击战区、丛林游击搜索战区，能使参战者领略到不同的作战感受，可以在不同的战区体验到“战斗”的激烈、惊险，使参战者在激烈的“战斗”中得到智慧和体能的最佳训练。

（2）三人行拓展训练定向运动：培训内容涉及水上、高空、陆地及野地四大项目，并提供全方位、全天候立体式的专业培训服务，全部由具有国标标准的专业培训师执教。

12. 自驾游路线

自驾游线路 1：从广州出发，进入机场高速或京珠高速，后转入街北高速，至从化出口再转入 105 国道直走约 35km，转入“流溪香雪”景区（不需进入森林公园总部）。

自驾游线路 2：由广园中路进入白云大道，再转入新广从公路（105 国道）直走约 93km，转入“流溪香雪”景区（不需进入森林公园总部）。

13. 推荐行程

（1）森林公园接团——乘船游览“广州母亲河”（畅游流溪湖）——上广东第一大猴岛（与猴同乐）——观赏美丽的梅花鹿，体验亲手喂食的乐趣——游至美山水环湖栈道到花田观赏四季花卉（8km 长）——行程结束。

（2）森林公园接团——乘船游览“广州母亲河”（畅游流溪湖）——上广东第一大猴岛（与猴同乐）——餐厅午餐（当地特色农家菜）——漫步玉兰大道赏玉兰花、金银合欢花（春节期间），游至美山水环湖栈道到花田观赏四季花卉——行程结束。

（3）森林公园接团——新增激光真人生存游戏——餐厅午餐——乘船游览“广州母亲河”——上广东第一大猴岛（与猴同乐）——游至美山水环湖栈道到花田观赏四季花卉——行程结束。

广东石门国家森林公园

中文名称	广东石门国家森林公园
英文名称	Guangdong Shimen National Forest Park
地理位置	广东省广州市从化区境内
占地面积	2636hm^2
气候类型	南亚热带季风气候
植被类型	南亚热带季风常绿阔叶林
森林覆盖率	98.9%
管理单位	广州市石门国家森林公园管理处
公园级别	国家级
著名景点	黄金花海、七彩天池、红叶

1. 位置

石门公园地处广州东北部从化区境内，位于北纬 23°36'50"~23°39'20"，东经 113°46'16″~113°49'17"，总面积 2636hm^2。东邻南昆山自然保护区，南靠增城大封门林场（白水寨），西对温泉镇，北望广东流溪河国家森林公园，距温泉镇 18km，距从化区街口街 28km，距广州市区 86km。

2. 气候

公园地处南亚热带季风气候区，温高湿重，雨量充沛。年平均气温为 21℃左右，极端气温范围为 39.2~1.5℃。由于地势较高，气温比广州市同时间低 3~4℃，比从化市低 2~3℃。降水量丰富，年均降雨量 2100mm 以上，主要降水季节为 5~8 月，相对湿度较大。由于地势较高，气候具有山地气候特征。公园气候宜人，年气候舒适度达 200 天以上。

公园内溪谷众多，形成丰富的瀑布、叠水、溪潭景观。其中有 20 余处 3m 以上的叠水瀑布，主要集中在石壁谷和石门水库。最大的连续瀑布群为落差达 300m 的“百丈瀑布”，位于场部附近的霸仔山，但因气候变化、开发关系，现已较少见到。公园内有白芒潭等中小型水库 6 座，总库容 668 万 m^3，设有电站 5 座。公园唯一的河流主要由南部的石灶水经石壁与北部的石门水库向西汇合流入河中，最后注入白芒潭水库。

3. 地形地貌

石门公园位于华南褶皱系的粤中凹陷构造单元内，是九连山脉派生出来的南昆山和青云山脉的结合部，主要有中山、低山和丘陵三种地貌类型，主要构造形迹为北东走向、东西走向和西北走向。峡谷排列与构造线方向基本一致，形成险峻的沟谷景观。整体上看，公园地势呈现南高北低。公园最高峰天堂顶海拔 1210m，是广州地区最高峰，公园内第二高峰为插旗顶。

公园山地以花岗岩为主，其次为砂岩、页岩和变质岩，有少量的火山岩分布。土壤以红壤和次红壤为主，呈酸性，在低海拔地段有少部分滨海沙土。公园土壤条件良好，土层深厚，温湿疏松，有利于各种植物生长。

4. 植物资源

（1）森林景观类

主要有山地常绿阔叶林、亚热带常绿阔叶林、亚热带常绿阔叶混交林、亚热带落叶阔叶混交林、常绿阔叶山顶矮林、亚热带针叶林、亚热带针阔混交林、竹林等7个基本景观类型。

（2）古树古木类

公园内现存景观价值较高的有：

古枫树（三角枫），位于石门电站房前，树龄约百年以上，胸径约0.9m，冠幅25m，树大如伞，有一分枝伸出溪边，有“疏影横斜水清浅”之意境。

古榕，位于在石门电站溪流对面，胸径约1.1m，冠幅宽大，树根粗大裸露，缠绕于巨石之上，根缝间长有许多青苔和巢蕨，此景为“古榕磐石”。

小叶榕，石门下溪流两边有两棵小叶榕，别称为“鸳鸯榕”，虽隔着一溪流，但根是相连在一起的。树干粗壮广阔，平均胸径达1.2m粗，枝叶繁茂，冠幅达$40m^2$，树高约20m，有游客赞为“百年好合”。

马尾松，在三仙会水库有三株古松，年龄都在百年以上，树姿优美，树干端直，侧枝发达，枝叶稠密，酷似三个仙人在此论道，因此当地有“三仙会”的传说。

5. 动物资源

公园内珍贵动物有白颈长尾雉、金钱豹、鬣羚、穿山甲、白鹇、小灵猫等20多种。

6. 人文资源

（1）巍峨石门 风流坝

石门国家森林公园的东北方向有两座直立相对的巨峰，陡崖峭壁，直耸蓝天，势如刀削。与天相接，远看酷似一扇大门，老百姓也就此命名它为“石门”，此山也就被称为“石门山”，石门公园之名由此而来。石门山有个“风流坝”传说。相传，风流坝处于石门山间地势险要之处，是从化、增城、龙门三地的交界地，也是百姓上下山，商人经商的必经之地。此地常有山贼土匪出没，以要挟百姓、商人缴纳税款为收入来源。由于战乱，百姓无钱可交，却又不得不选择由此上下山，商人上交的税也越来越不能满足土匪，他们为了拥有持久的收入来源，便在此地建造客栈、设烟馆、办青楼，吸引路经此地的富人、商人寻欢作乐。从此这里便歌舞升平，显示出一幅繁荣的景象，故此地得“风流坝”之名。但久而久之，百姓的生活越来越潦倒，辛苦耕种的粮食买卖不得，百姓被困在山里叫苦连天。这一消息传入了张果老的耳中，他驾云到山里探个究竟，眼见百姓被困于山中，一贫如洗，颠连穷困

却无法改善，产生了怜悯之情。于是，拿出手中法宝，对着烟馆青楼摇手一挥，风流坝全都消失得无影无踪了。土匪也改邪归正，与农民百姓一起耕种干活，共同改善生活，促进了三地的商业往来。

（2）石灶花海

石门国家森林公园东北 12km 石灶上天池处，有一片种满各种花卉的种植基地。随着花季的到来，各种颜色的花竞相开放，形成一片七彩斑斓的花的海洋。有“季到深秋尽赏菊，嫣红姹紫令神怡”的大波斯菊、“九十月间花绽放，紫白粉色染四处”的醉蝶花、“凌寒冒雪几经霜，一沐春风万顷黄”的油菜花等，各具特色的花并接在一起，远眺如一张无垠的花毯盖铺于山水之间，近观花形独特别致，花色娇艳多变，饱满地盛放在和风中，故得天池花海之名。

（3）三仙会天堂

三仙会天堂是攀登广州第一高峰天堂顶的必经之路，这里中有两棵高大的马尾松，年龄过百，树姿优美，树干笔直，枝繁叶茂，宛如高大的英雄神仙伫立于此，故得此名。

（4）鲤鱼板石

在石门国家森林公园通往石灶景区的途中有一个面积最小的湖泊，名叫莲花湖。湖前有块大石板，足有上千平方米，走近板石，一个形如鲤鱼的印痕立即映入眼帘。

相传，印痕的由来与八仙之一的蓝采和有关。

（5）百雀归巢（禾雀花）

禾雀花是石门国家森林公园 3 ~ 4 月的观赏美景之一。其藤粗过人臂，攀缠于其他树上，如挂秋千，如晒罗带，苍劲盘曲，其花大小如禾雀，一串串挂于树间，连绵不断。

7. 主要景点

（1）"石门"最大特色之一：七彩森林 四季花海

石门森林公园因地处从化市、增城市、惠州龙门县的交界处，位置比较特别，更有秀气且不乏婆娑的华南地区特色的森林，因此这里的森林并非只有单一绿色的森林。在不同季节，温度及气候将公园打扮得多姿多彩。另外，在天池花海景点，公园不同季节也种植了不同花卉品种供游客观赏，主要有如下几种：

① 红花荷

红花荷是石门公园特有的树木品种，开花乔木，最高的有 20 多米，被评为广州市千禧年花王。公园内分布着近万亩的红花荷林，是广东省目前最大的一片天然成熟林，主要分布在石灶风光区。红花荷花开时，朵朵红花像红粉佳人，形似吊钟，娇俏迷人。每年都吸引无数文人墨客、摄影爱好者和游人前来观看。最佳观赏期为 1~4 月。

② 桃花

桃花作为中国传统的园林花木，树态优美，枝干扶疏，花朵丰腴，色彩艳丽，为早春重要的观花树种。在公园石门景区，生长着近百亩的桃花林。颜色有红的、粉的，花瓣有单瓣的、重瓣的。桃花的品种之多与树龄之老，都是石门公园的独有特色。最佳观赏期为 1~2 月。

③ 山苍子

花开金黄的山苍子林，每年开花时是石门公园的一片黄金海。山间几百亩的山苍子，在道路两旁装点着春色。山苍子林主要分布在莲花湖区。最佳观赏期为 1~2 月。

④ 油菜花

油菜花公园的油菜花地有两片，

分别是天池油菜花及梯田油菜花。

石灶景区内的天池油菜花田，面积近百亩，沿天池延绵 2km，与 10 666.7hm^2 的原始次生林隔天池相望。浓烈饱和的金黄色犹如绿色翡翠中的一道耀眼光芒，被游客称为“石门黄金花海”。

另外，在石门风景区的芙蓉栈道入口也种植了近 2km^2 颇有特色的“梯田油菜花”。涓涓的细流、清澈的潭水、古朴的小屋以及山坡上点缀的桃花，为“梯田油菜花”营造出浓郁的田园风味。油菜花的最佳观赏期为 2~3 月。

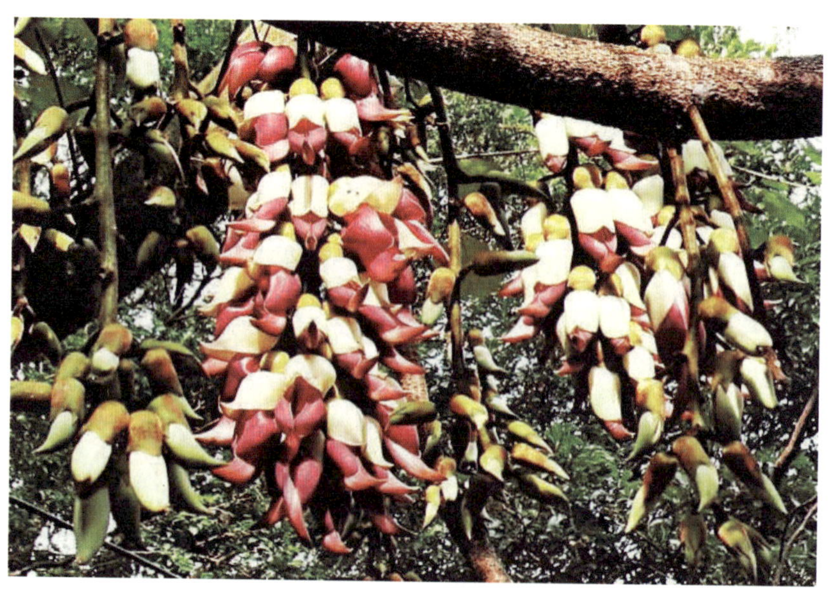

⑤ 禾雀花

石门公园里的禾雀花是2000年在莲花湖休闲区内发现的，有近千亩，大部分连片，而且全部是天然野生几十年甚至上百年的古藤，是广州地区最为庞大、密集的禾雀花群落。后经公园改造，增加了近2000m的步行道，改造成“百雀归巢”景点。串串雀花栩栩如生、风情万种、十分迷人，是生活在大都市的人们难得一见的奇观。禾雀花的最佳观赏期为3~4月。

⑥ 杜鹃花

杜鹃花属杜鹃花科杜鹃花属，是中国十大名花之一。在公园里莲花湖休闲区的广州第一台及其山脚，分别生长有近百亩的山杜鹃。杜鹃花种类繁多，花色主要有白色、粉红色和深红色。当整片山坡开满杜鹃时，会看到色彩缤纷的杜鹃花分布在青山绿树之间，一团团、一簇簇，开得热烈和绚丽。杜鹃花的最佳观赏期为3~4月。

⑦ 夏日花海

夏日花海是石灶风光区的天池花海景点的夏日特色花海，位于海拔 800m 以上的石灶天池之畔，面积近百亩。夏日花海由火红灿烂的一串红、花中之禽鸡冠花、英雄之花红穗冠、香草之后薰衣草组成，与原始次生林、水生植物园和天池编织出一幅如童话世界般的美丽画卷。在 5 月过后，6~7 月份还可欣赏到大波斯菊和醉蝶花。夏日是大波斯菊和醉蝶花最好的生长季节，花开时清新烂漫，自由奔放，明媚动人。夏日花海最佳观赏期为 5~7 月。

⑧ 七彩天池

七彩天池花海是石灶风光区的天池花海景点国庆期间的一个特色花海，由多种

颜色的花卉共同组成。大红色的一串红、金黄色的硫化菊、紫色的千日红、橙色的百日草、深红色的红穗冠、淡黄色的黄穗冠和粉色的朱唇等汇聚成一道亮丽的彩虹，降落在蓝天碧水之间，创造出一个七彩斑斓的童话世界。同时，围绕着这七色花海还有大波斯菊与醉蝶花。红的、粉的、紫的、白的小花配以音乐等元素造型共同点缀着这幅优美的画卷。七彩天池的最佳观赏期为 9~11 月。

⑨ 石门红叶

石门公园素有“广州香山”之称，公园内共有红叶 3000 多亩，主要分布在白茫潭休闲区、石灶风光区和莲花湖休闲区，树种以枫树、山乌桕和槭树为主，有三大观赏点：莲花湖景区内如诗如画的枫树林，石灶景区及莲花湖景区内漫山遍野的山乌桕林，白茫潭休闲内层林尽染的水景红叶。春天：绿叶葱郁，满山锦绣，生机勃勃；冬天：满山红叶，层林尽染，如诗如画。正是“要赏红叶石门有，何须千里香山寻？”石门红叶的最佳观赏期为 11 月中旬至次年 1 月下旬。

⑩ 石门香雪

公园石门景区里有千亩连片的梅林，主要品种是青梅。梅花盛开，白雪皑皑，

犹如北国。远看山上盛开的梅花像覆盖一层白雪，微风过处，暗香浮动，“石门香雪”由此得名。每年无数文人墨客、摄影爱好者和游人聚于此地，观赏梅花。石门香雪最佳观赏期为 12 月上旬至次年 1 月下旬。

（2）“石门”最大特色之二：全国第一家国际森林浴场

国际森林浴场依托于华南地区保存较为完好的南亚热带原始次生林，面积约为 16 000 亩，森林覆盖率达 98.9%，被人们称为“北回归线上的绿洲”。森林内保存着复杂和稳定的生态系统。许多珍稀野生动植物在此栖息、繁衍，如广东省“省鸟”白鹇、国家Ⅰ级保护植物伯乐树等。森林植被主要以壳斗科锥属（米锥、罗浮锥等）、木兰科厚叶木莲、樟科华润楠等树种为主要建群种。远远望去，森林浴场内的树木高耸入云，硕大的树冠像腾空的蘑菇云随风摇摆。森林浴场不断散发出的芳香浓烈的挥发性物质，能灭菌杀毒、净化空气；同时，森林又具有消除噪音的功能，对人体神经系统有很好的调节作用。在阳光充足，气候适宜的森林中漫步，做深长舒缓的呼吸，对慢性鼻炎、咽炎、支气管炎、肺气肿、肺结核以及哮喘病等呼吸系统疾病，都有一定治疗作用，另外对冠心病、慢性胃炎、慢性肝炎也有一定的辅助治疗作用。森林浴场挥发出来的负离子含量达到每立方厘米几万个，有的地方甚至能够达到 12 万个 /cm^3，是名副其实的“天然大氧吧”。徜徉在森林浴场，可以尽情地观赏大自然风光美景，享受大自然给予人类的恩赐。这里正是人们拥抱自然、返璞归真的最佳圣地。

（3）“石门”最大特色之三：广州地区最大的自驾游公园

石门公园地域广、面积大，园内连接各大景区景点的旅游公路 30 多 km，行车标识完整，旅游停车场 10 个，车位近千个，特别适合自驾游。园区旅游公路大部

分实施单行线行车，游客可根据不同季节的景观特色，驾车前往不同景点观赏游玩。驾上自己的爱车，置人、车于森林中，行车于小陡长而不险的森林公路中，放松身心。公园实行一票通，各大景区景点不另外收费。

8. 地方特产

广东石门国家森林公园境内四季水果不断，盛产荔枝、龙眼、柑、橙、三华李、青梅、板栗、柿子、沙糖橘等水果，另有蜂蜜、高山豆腐花以及各种腊味。

9. 餐饮设施

塘仔农庄、石门农庄（山脚）、鲤鱼门、东旺餐厅等。

10. 娱乐设施

为了让广大游客在公园里可以尽情享受游玩的乐趣，公园在石灶风景区的古树园入口和石门风景区的相思古榕旁边修建了一些秋千和跷跷板等娱乐器材。除了这些运动器材，在芙蓉栈道的入口处，还专开辟了两潭池水，供游客们在夏季亲水游玩。

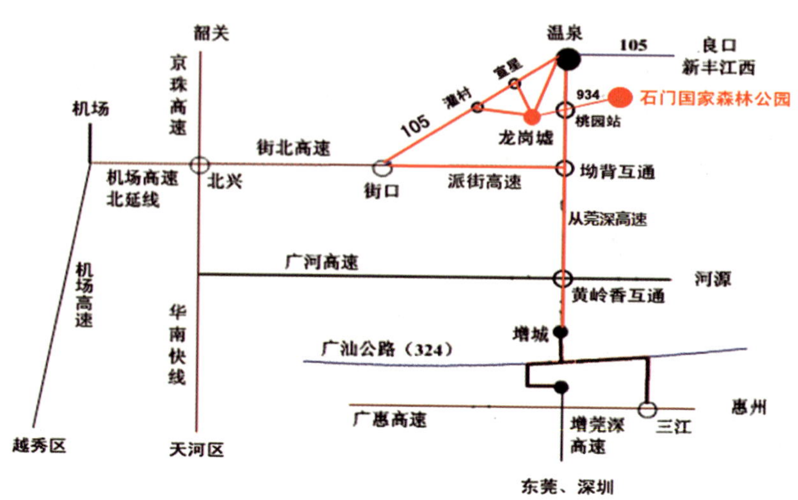

11. 区内交通

公园内有近 38km 长的公路，目前未设置旅游车，因此适合自驾游游客，公园的每个景点都设有停车场。

12. 自驾游路线

（1）广州

华南快速（机场高速）——街北高速——105 国道——934 县道——石门国家森林公园。

（2）深圳、东莞

增莞深高速——324 国道——从莞深高速（出口桃园站）——934 县道——石门国家森林公园。

（3）佛山

广佛高速——华南快速（机场高速）——街北高速——105 国道——934 县道——石门国家森林公园。

（4）汕头

广汕公路（324 国道）——从莞深高速（出口桃园站）——934 县道——石门

国家森林公园。

（5）惠州

广惠高速——324 国道——从莞深高速（出口桃园站）——934 县道——石门国家森林公园。

（6）河源

广河高速——从莞深高速（出口桃园站）——934 县道——石门国家森林公园。

（7）中山、珠海

京珠高速——华南快速（机场高速）——街北高速——105 国道——934 县道——石门国家森林公园。

13. 公共交通路线

从化汽车站至桃莲 a 线，大岭山站。

14. 推荐行程

石门风景区——田园风光区（午餐）——石灶风景区。

广东西樵山国家森林公园

中文名称	广东西樵山国家森林公园
英文名称	Guangdong Xiqiao Mountain National Forest Park
地理位置	广东省佛山市南海区西樵镇内
占地面积	$1400hm^2$
气候类型	季风南亚热带气候
植被类型	亚热带常绿林
管理单位	广东西樵山国家森林公园管理委员会
公园级别	国家级
著名景点	观音文化苑景区、天湖景区、黄飞鸿狮艺武术馆景区

1. 位置

西樵山位于广东省珠江三角洲腹地南海区西南部。

2. 气候

西樵镇属于季风南亚热带气候。全年气候温和，资源丰富，累年年平均气温为21.8℃，月极端最低气温出现在1月，平均温度为13℃。月极端最高气温出现在7月，平均温度为28.8℃。无霜期352天，年平均降水量1626mm，最大年降水量2257.3mm，降雨主要集中在4~9月。

西樵山季风变化明显，冬春季一般吹北风，夏秋季多吹东南风，累年年平均风速为2.4m/s，风频率为13%。7~9月间台风出现较多。

3. 地形地貌

西樵山属于珠江三角洲水网地带，东临北江，西濒西江，地势平坦，河涌交错，是著名的桑基鱼塘区。东部、东南部平原海拔高程在1.2~3.0m之间。西北部丘陵地势较高，海拔高程在11.8~30.2m之间。西樵山是一座古火山，最高峰大科峰海拔344m。区内东北部与西南部分别为北江和西江。官山涌纵贯全区，是境内主要的河涌。西南部有西岸丘陵低山地形。

4. 植物资源

西樵山上植物繁多，有上百种树木，既有常见的乔灌木；也有供欣赏的古树，更有独特的四方竹。西樵山上古树以香樟、枫树、银杏为主，另有丹桂、金桂、银桂、野百合、杜鹃等植物，其中杜鹃数量较多。

西樵山绿化面积达到1186.7hm^2，其中防火树种木荷等超过213.3hm^2。森林类型以次生林为主，天然林柚稚、木荷、枫等多分布在山顶的村庄旁。全山的木材蕴藏量较为丰富。

5. 动物资源

西樵山曾有野猪等兽类，现在只有少量的小型动物，如狐、野狸、松鼠、大壁虎等；鸟类主要有画眉、伯芬、白头翁、金丝鸟、锦鸡等。

6. 主要景点

（1）南海观音文化苑（宝峰寺）景区

位于西樵山中部大仙峰上，海拔 290m，占地面积约 20 万 m^2。依山而建，层叠而上，整个景区呈金字塔型，最高处南海观音铜制法像高达 61.9m，是目前世界上最高的观音座像。登上 283 级台阶，视野豁然开朗。眼前一马平川，北江流绕的平原林野，尽收眼底。宝峰寺内梵乐飘飞，如置身圣境一般。高大庄严的大雄宝殿是宝峰寺的核心建筑，雕栏画栋，气势雄伟。每年正月廿六观音诞都举行观音开库和万人斋宴活动，众多民众前来祈福。

（2）天湖公园景区

位于西樵山西北部，碧波潋滟的天湖原是西樵山西北面的一个古火山口，方圆约 8hm^2 水面，三面为翠峰环抱，北面为一巨坝，两端建有龙珠亭、问龙亭、依天亭和水月轩，东西湖岸还分别建有待月亭、伴月亭和鸳鸯阁等。湖东有九曲桥跨水面，湖南高踞一座“观龙楼”，是专为民间赛龙舟活动而兴建的。早在明代，西樵山就有“半山扒龙船”的民俗活动。现在每逢“五一”、国庆节都会举行盛大的“黄飞鸿杯”狮王争霸赛等活动。

（3）白云洞景区

白云洞位于西樵山的西北麓，是历代文人名流会聚之地，因此这里也成了儒、佛、道三家荟萃之地，著名的有供奉吕洞宾的云泉仙馆。传说吕洞宾曾到西樵山采摘灵芝，其道家弟子便在此建起了“云泉仙馆”，洞口的“奎光楼”飞檐傍云，如指天的文笔，是读书人借以祈求文运亨通的魁星。湖旁建有三湖书院，一座两进，

门匾为民族英雄林则徐题署，刚健有力。清代大学士康有为，青年时曾在此处读书。

（4）碧玉洞景区

位于西樵山东部，又叫“玉岩珠坑”。进入碧玉洞才发觉原来山中不但灵秀，也暗藏着险峻与奇特。两壁如斧劈，时而怪石盘旋。洞内哗哗的瀑布声不绝于耳，瀑水飞泻而下，喷吐着阵阵烟雾，水花四溅，景色奇美。

（5）翠岩景区

位于西樵山中部，翠岩的瀑布不大，虽无气吞山河的气势，但却轻盈、飘逸。明代岭南派画家黎简曾隐居在此，石壁下有他的画室遗址。

（6）石燕岩景区

石燕岩位于西樵山东南麓，原是石燕鸟栖息的岩壁和洞穴，但现在仅见宽大的悬崖下存一洞口。洞分两层，外层如室内篮球场一般大小，由灰白色的火山凝灰岩构成。平台下是宽阔的水面。水质清澈透明，水下层层的石阶、方方的石块清晰可见。水面露出两块巨石，一形似汽车，一形似牌坊。

（7）九龙岩景区

位于西樵山的中南部，有春风亭、紫姑庙、九龙岩、湛子洞、湛子讲学岩、

宝峰遗址、老茶林等景点。最著名的景点是四方竹园，因园中遍植山中特产四方竹而得名。四方竹，径高 3~4m，呈方形，叶狭长，有明显的节，是一种珍贵的观赏竹。

另有一茶花园景点，占地 16.7 hm^2 余，以六角大红茶花、鸳鸯凤冠茶花、帕克斯先生茶花、复色粉卡特茶花等 50 多个品种的茶花为主，花色有白色、红色、粉红、白红混色等多种，茶花于每年的 11 月至翌年 3 月开放。

（8）桃花园景区

桃花园于 1998 年开始建造，经过多年的建设和完善，目前，占地 13hm^2 以上，拥有 20 多个品种，共 5000 多棵桃树，还有罕见的白桃花，是珠三角地区桃花品种最多、面积最大的桃花园。

（9）黄飞鸿狮艺武术馆

位于黄飞鸿的出身地——西樵山下的禄舟村。武术馆筹建于 1996 年，占地面积 5.23 亩，为典型的岭南古建筑，馆内分设有黄飞鸿练功休息室、黄飞鸿史迹陈列影视室、宝芝林堂、百草堂等。武术馆的成立奠定了西樵作为“南派武术文化”和“南狮文化”发源地的地位。

7. 地方特产

（1）西樵大饼

西樵大饼起源于明朝弘治年间，距今已有 300 多年的历史，远近驰名，被评为广东名食之一。西樵大饼呈圆形状，直径可达到 20cm，大的重量有 2 市斤[*]，颜色白中带黄。制作材料包括面粉、白糖、猪油、鸡蛋，再配以西樵山的泉水，使其入口清香甘甜。因饼子形如满月，寓意花好月圆的好意头，故西樵人嫁娶喜庆都以此作礼品送人。

（2）云雾茶

云雾茶，又名苦丁茶，是西樵山特产之一，茶树高数丈，叶厚芽壮，芽用来制茶，颜色乌黑发亮，开水冲泡色淡味苦，清香袭人心肺，入口苦涩，但回味清适。日出前，在云雾迷蒙时采的茶为上品，因此得名云雾茶。若用山中清泉泡茶，更是锦上添花。西樵山种茶的历史在千年以上，云雾茶曾作为贡品，享誉一时。

（3）桂花酒

西樵山上村民世世代代都会酿造桂花酒。每到秋月花开、花色绛红、香飘数里的时候，村民在清晨太阳初升、露珠未干时采摘，在阴凉处风干一日一夜，再以山泉水蒸熏，然后每市斤桂花加黄糖三两[**]发酵，7 天后放进 35℃以上的米酒中，密封坛口，浸制一年后方可开启。山中村民用此法酿造的桂花酒，金黄透明，略带红色，香醇可口，有散寒破结、化痰、止咳之功效，是西樵山名酒。

★ 1 市斤 =500g。

★★ 1 两 =50g。

（4）山水豆腐花

豆腐花是一种用黄豆制作的小吃，经常食用，对儿童能起到均衡营养，增强免疫力的作用；对中老年人能起到降低胆固醇，降血脂，防衰老，预防人体骨质疏松，预防男性前列腺疾病等的作用；对女性能起美容作用。西樵山上的村民使用传统的石磨，配以西樵山的山泉水，制作成豆腐花，再配上西樵山产的蜂蜜，就制成了西樵山特有的山水豆腐花。

（5）紫背菜

紫背菜为菊科多年生草本植物，在我国南方如广东、广西等地农村有零星栽培，多做药用或食用。

8. 餐饮设施

雄威大酒店，波尔多西餐厅。

9. 住宿设施

云影琼楼酒店，西樵山大酒店，新润成大酒店。

10. 区内交通

在正常使用情况下，西樵山观光车使用天然气为燃料，环保节能；在重负载大坡度起动时，可转用汽油为燃料，适应西樵山连续大坡度的道路环境。西樵山环保观光车为敞开式设计，车轮较小，重心较低，车速较慢，一般运行时速为20~30km，可以乘坐17人。在保证安全、舒适地到达各大主要景点的前提下，还可以尽情观赏沿途的风光，一路沐浴山风，领略西樵山"山幽、林绿、气清、景美”的生态景观，给人惬意的旅游享受。

11. 自驾游路线

（1）广佛高速——南海沙头出口——西樵山。

（2）西二环高速——西樵出口——西樵山。

（3）佛山一环——樵乐路出口——西樵大桥——西樵山。

12. 公共交通路线

乘坐公共交通至公交站西樵山北枢纽站（登山大道）站下车。

13．推荐线路

（1）西樵山赏花一日游（适用于日常和传统节日）

黄飞鸿狮艺武术馆——白云洞——南海博物馆——山南票房换乘景点车——南海观音文化苑（宝峰寺）——桃花园、茶花园——换乘景点车至山南票房——返程。

（2）西樵山品斋祈福一日游

黄飞鸿狮艺武术馆——白云洞——参观南海博物馆——山南票房换乘景点车——观音景区素菜馆享用盘斋——游览南海观音文化苑、宝峰寺——乘景点车——游览四方竹园——乘景点车至山南票房——返程。

广东南昆山国家森林公园

中文名称	广东南昆山国家森林公园
英文名称	Guangdong Nankun Mountain National Forest Park
地理位置	广东省惠州市龙门县境内
占地面积	2000hm^2
气候类型	南亚热带季风气候
植被类型	南亚热带季风常绿阔叶林
森林覆盖率	98.2%
管理单位	南昆山国家森林公园管理处
公园级别	国家级
著名景点	石河奇观、川龙瀑布、观音潭、九重远眺

1．位置

位于广东惠州市龙门县西南部，北回归线穿山而过。

2．气候

属南亚热带季风气候类型，由于受季风影响，气候呈现夏凉冬暖、光能充裕、雨量丰沛等特征。常年气温22℃，雨量充沛，气候宜人。“三伏”时节，这里较广州城市气温低6~8℃。龙门县年均气温20.8℃，年平均降水量为2230.7mm，最大月均降水量为5月的484.4mm，最小为12月的29.0mm。年平均蒸发量为1581.0mm，年平均日照总时数为1743.7小时，年平均日照率为39%，平均无霜期301天。南昆山森林公园具有典型的山地气候和森林小气候特征，不同海拔高度，四季长短不一。海拔500m以下的下坪、桃源山庄，夏季长达148~177天，秋季过后是春季，长夏无冬；海拔500m以上的上坪尾、丹枫寨夏长冬短，四季分明。

3．地形地貌

属九连山山脉伸入龙门县的支脉，位于龙门断陷盆地的西北边缘，大地构造属华南准地台中的桂湘粤褶皱带粤中褶皱束的一部分，广州—从化断裂与东江断裂分别从两侧外围穿插而过。地质构造处于华南褶皱的粤中拗陷构造单元内，在九连山脉南部与青云山接合，主要有中低山、峡谷和河谷平地三种地貌类型。山地主要受第三纪以来喜马拉雅运动及新构造运动的抬升作用形成。公园最高峰为棉花芯顶东南山体，海拔924.1m。在晚古生代之前以陆地为主，仅局部洼地为浅海。构造以断裂为主，其构造线方向主要为北东向和北西向，东西向构造也较发育。断裂构造是控制本区地貌形态、河流流向等的主要因素。

4．植物资源

区内森林植被属南亚热带季风常绿阔叶林，根据多次野外调查采集，再参照中国科学院华南植物园历年来在该区收集到的标本和文献资料，得出区内共有维管束植物1522种（包括变种、栽培种类），隶属于194科703属，其中蕨类植物35科63属134种，裸子植物7科15属21种，被子植物152科625属1367种。区内野生植物188科656属1423种，含国家重点保护野生植物15种，其中Ⅰ级保护1种：伯乐树；Ⅱ级保护14种。国际禁止贸易的野生兰科植物有33种。区内另有大型真菌28科79属223种。

5. 动物资源

区内有 269 种陆生脊椎动物，隶属 4 纲 29 目 76 科，其中两栖纲 26 种，爬行纲 54 种，鸟纲 139 种，哺乳纲 50 种。区内东洋界种类有 208 种；古北界种类 23 种；广布种 38 种。另记录有水生脊椎动物鱼类 27 种，隶属 5 目 11 科。区内另有 32 种国家重点保护野生动物，其中国家Ⅰ级重点保护野生动物 3 种：蟒蛇、云豹、林麝；国家Ⅱ级保护动物 29 种。云豹和林麝属于我国“野生动植物保护和自然保护区建设工程”确定的十五类重点保护物种。另有 191 种陆生脊椎动物属于“国家保护的有重要生态、科学、社会价值的陆生野生动物”，有 29 种陆生脊椎动物被列入《濒危野生动植物种国际贸易公约》，有 19 种陆生脊椎动物属中国特有种。

6. 主要景点

（1）天堂顶

天堂顶是南昆山的第一最高峰，也是珠三角地区的最高峰，海拔 1228m，位于南昆山省级自然保护区范围内。天堂顶保持着原始自然生态环境，旅游资源丰富。春季花开，山顶上百花争奇斗艳，特别是在山顶海拔 1000m 以上，生长着成片的野生杜鹃花。每逢 4 月中旬花开时节，满山的杜鹃花姹紫嫣红，粉红色、白色、红色、紫红色，奔放灿烂，吸引大批游客登山观赏。重阳时节登天堂顶，应节之余，亦有登高转运的希冀。

（2）石河奇观

离南昆山中心区 0.5km，从水渠观景亭上俯视石河奇观，一条深约 200m 的大峡谷迂回弯曲流向远处，甚为壮观。进入河谷地带，两旁青山对峙，古树参天，小径自绝壁延伸，溪水穿古蔺，河里怪石嶙峋、溪流盘桓、碧水飞花，平缓处汇集成潭，潭水清澈见底，水中成群小鱼追逐嬉戏。夏天，这里就是天然的浴场。

（3）观音潭

观音潭位于南昆山上坪社区，从观音潭停车场上沿着古老的石阶拾阶而上，两旁翠竹横生，未到景点，先闻其声，喧哗贯耳。观音潭上三级瀑布相连，第三级瀑布深入一个面积约三四十平方米的深潭，第三季瀑布犹如西游记中的水帘洞，水帘洞后有尊竖立的石像依稀可见，瀑布从上访泻下，使之酷似戏水观音，故而称观音潭。

（4）川龙瀑布

川龙瀑布位于南昆山的川龙峡，瀑布前的石崖上有一座“观瀑亭”，峭壁上刻有秦鄂生的题字“川龙峡”。瀑布分 5 级，流长近千米。第二、四、五级高丈余。第一级在峡谷尽头，最为壮观，流水从一个形似龙头的石洞中奔泻而出，直下 20m，再右折飞泻 10m，然后才直下深潭，孔声飘荡。

（5）九重远眺

九重远眺位于南昆山西部山坡上的观景台，观景台分为两层，用大理石砌成，顶部镶透明玻璃。站在台上可以眺望南昆山的远近景色，举头可望天堂山之顶，俯身可见掩映在林中的村落屋宇，面对重峦叠嶂之九重，重重皆绿。观景台后面有个

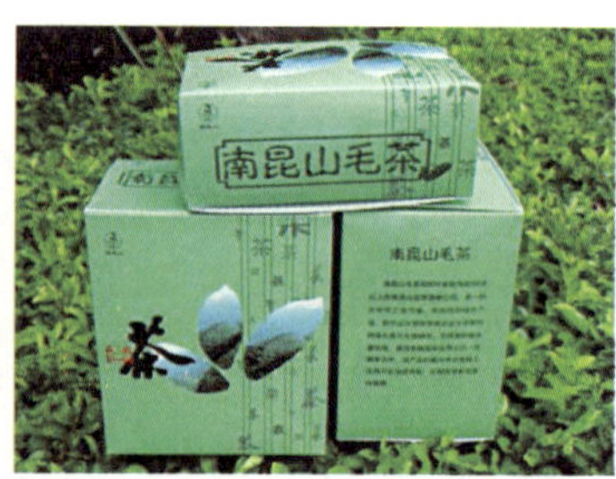

地方名叫“相约黄昏后”，那是望月、观日出的好地方。

（6）七星湖

七星湖位于南昆山北面的山峦中，像一面高山里的平镜，映照蓝天，湖中有七座小山，排列像天上北斗七星，故又称“七星墩”。七星湖平静开阔，四周绿树环映，犹如一块温柔的江南碧玉。这里的水清澈透亮，几乎可与九寨沟媲美，尤其是山阴一面水上还有雾气，时而折射出七彩光环，分外夺目。

7. 地方特产

客家山水酿豆腐、观音菜、南昆山百岁茶、猕猴桃、石蛙、冬笋、春笋、金竹笋、鸡肉花、蜂蜜、红背菜、冬菇、山柑子、灵芝、巴戟、五指毛桃、竹工艺品、南昆山竹席、南昆山矿泉水。

8. 餐饮设施

（1）十字水生态度假村是中国首家顶级生态度假村，位于广东省龙门县南昆山国家森林公园内，度假村内设有竹韵厅、茶室及桥吧，提供中西美食和当地特产。

（2）南昆山国家森林公园内就餐环境和服务态度良好，菜式有当地特色，如

客家山水酿豆腐、客家扣肉等，且价格合理，可以满足不同顾客的需求。

9. 住宿设施

柏祥森林度假酒店，南昆山丹枫寨。

10. 娱乐设施

景区的川龙峡漂流已在 2013 年通过了惠州市体育局的安全确认验收，是符合安全要求的激情漂流，可以安全游玩。

11. 区内交通

景区的依托城市为龙门县，目前开通有龙门县汽车总站到南昆山的长途汽车，终点站为南昆山生态旅游区中心区。

12. 自驾游路线

在高速公路的增城出口下，之后沿着 S355 省道行驶，就能到达南昆山公园的西南门。

13. 公共交通路线

（1）线路 1：龙门县城——南昆山。

（2）线路 2：惠州 ——南昆山（去程）。

（3）线路 3：深圳——龙门（东湖汽车站出发）。

（4）线路 4：天河客运站——龙门。

（5）线路 5：广州——增城——永汉镇——南昆山。

14. 推荐行程

神鹰石——一线天——九重远眺——川龙瀑布——石河奇观——川龙峡漂流——返程。

广东梧桐山国家森林公园

中文名称	广东梧桐山国家森林公园
英文名称	Guangdong Wutong Mountain National Forest Park
地理位置	广东省深圳市沙头角梧桐山南麓
占地面积	678hm^2
气候类型	南亚热带季风气候
植被类型	亚热带常绿阔叶林
森林覆盖率	91.9%
管理单位	广东梧桐山国家森林公园管理处
公园级别	国家级
著名景点	莲月湖侍、龙潭观瀑、天池倩影、绿波银练等

1. 位置

广东梧桐山国家森林公园，位于深圳市盐田区梧桐山南麓，地理坐标为东经114°11′55″~114°14′45″，北纬22°33′30″~22°34′48″。东隔盐田区与大鹏湾相望，西南距中英街2km。森林公园东西长约4.5km，南北宽约2.7km，公园在省属沙头角林场范围，总面积为678hm^2。

2. 气候

森林公园地处南亚热带，且濒临大鹏湾，属海洋性季风气候，全年温暖湿润，光照充足，雨量充沛，干湿季节分明，具有春暖迟、夏雨多、秋凉旱、冬干凉的气候特点。年平均气温为22.4℃，最热月平均气温28.2℃，最冷月平均气温为14.1℃，极端最高温为38.7℃，极端最低温为0.2℃。全年无霜期长，一般为353~355天。

每年5~9月为雨季，10月至翌年4月为旱季，年平均降雨量为1926.8mm，平均湿度为79%。由于公园处于低纬度地区，日照较强，辐射量大，蒸发量也大，年日照时数为2120.5小时，总辐射量为127.78kcal/cm^2，年蒸发量为1755.4mm。

由于受南亚热带季风影响，常年主导风向以偏东风为主，夏季盛行东南风和西南风，冬季盛行东北风。每年7~9月为台风季节，年平均受台风影响7.3次，每次台风常伴有狂风暴雨，易引发山洪瀑发。

森林公园内有正坑、横坑、高陂、吊钟花排等4条溪流，溪水清清，常年不断，并形成许多瀑布、深潭。在恩上村还建有恩上水库，为小型农用水库。

3. 地形地貌

森林公园地处莲花山系余脉梧桐山南坡，属低山丘陵地貌，地势北高南低。公园由山地、丘陵、台地组成。在海拔200m左右，有一块平缓的台地。北侧山峰多在海拔300~943.7m之间，其中梧桐山最高，海拔943.7m，为华南滨海地区的最高峰，整个山体上部较陡，坡度在40°~60°，下部平缓，土层深厚。地质构成主要为花岗岩、砂页岩和变质岩，地质构造稳定。

森林公园土壤主要由红壤、赤红壤和山地黄壤组成。红壤分布于海拔300~600m的丘陵和部分低山，赤红壤分布于海拔300~500m以下的丘陵台地，山地黄壤分布于600m以上的山地。公园土壤以赤红壤为主，成土母岩为花岗岩，除部分岩石出露外，土层较深厚，一般在80~100cm，有机质多，腐殖质层8~15cm，

有利林木生长。

4. 植物资源

森林公园地处南亚热带，北归线以南，气候适宜，植物种类较为丰富。据初步调查，森林公园有常见野生植物及现栽培植物 132 科 564 种，其中蕨类植物 14 科 32 种；裸子植物 3 科 6 种，被子植物中双子叶植物 98 科 460 种、单子叶植物 17 科 66 种。植物区系的特点具体表现为南亚热带植物种类占优势。

5. 动物资源

到 2012 年，梧桐山国家森林公园统计有哺乳动物 24 种，隶属于 7 目 11 科 17 属。其中，翼手目 10 种，占 41.7%；啮齿目 7 种，占 29.2%；食虫目和食肉目各 2 种，共占 16.7%；灵长目、鳞甲目和偶蹄目各 1 种，共占 12.5%。动物资源中，列为国家Ⅱ级重点保护的野生动物 2 种、“三有”名录物种 4 种、《濒危野生动植物种国际贸易公约》(CITES)附录Ⅱ物种 3 种；被列入《中国濒危动物红皮书》的物种 6 种；列入《中国物种红色名录》濒危物种 1 种，易危物种 3 种，近危物种 7 种。东洋型 17 种，古北型和南中国型各 3 种。

6. 人文资源

（1）公元前 111 年（汉元鼎六年），武帝平南越，设九郡，梧桐山属南海郡博罗县地。从西汉、三国到西晋，属南海郡博罗县。后为新安县。当时此山就叫梧桐山。

（2）相传东晋著名道家宗师葛洪在罗浮山行医修行，游历广东名山，曾到访梧桐山。

（3）据《梧桐山集》记载，唐代纯阳祖师吕洞宾钟情于梧桐山水，赋神仙诗百余首。明初，武当派祖师张三丰在梧桐山开山建立三十六洞天，庙宇林立，并留下 200 余首诗赋。

（4）明代诗人史祁顺的《梧桐山》中说梧桐山是："效灵堪与龟龙并。"实际上就是说梧桐山是玄武大帝的道场和化身，因为玄武大帝就是龟蛇的化身。所以梧桐山应该是武当派的道场。

（5）据《道脉总源流》记载，梧桐山自古为道家的洞天福地，梧桐山上著名的道家宫观有"上清宫、桃源仙洞、锦霞洞、八贤堂、金霞洞、藏霞洞"等，供奉

“北帝（玄天上帝）、玉皇大帝、文昌帝君、观音大士、关帝、三清祖师等”。

7. 主要景点

（1）莲月湖待——池塘清澈，荷莲满塘，旁一赏月楼。

（2）龙潭观瀑——沿小溪而上，到龙潭。旁有一座观瀑亭，可仰望三幅瀑布景观。

（3）碧池桥影——龙潭观瀑往上，在三幅瀑布汇口处，有一多孔石拱桥。远望拱桥浮于林海之中，近观碧波印映桥影。

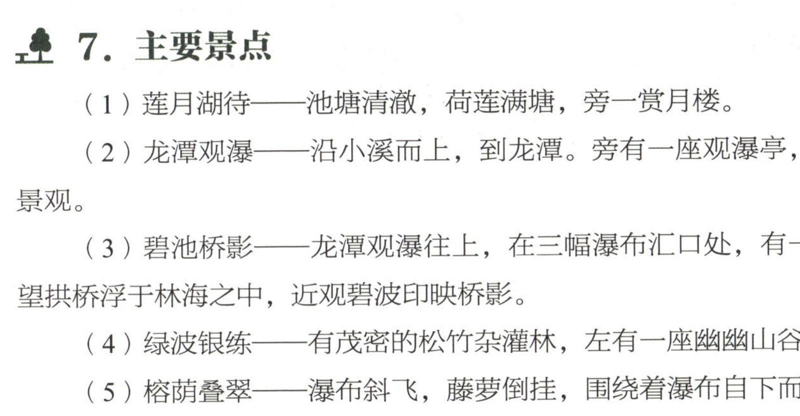

（4）绿波银练——有茂密的松竹杂灌林，左有一座幽幽山谷，下则为深渊。

（5）榕荫叠翠——瀑布斜飞，藤萝倒挂，围绕着瀑布自下而上。

（6）听泉相思——在盘山公路转角处，相思树如绿色的云彩。远眺，可见大鹏湾。

（7）桃源仙境——“山重水复疑无路，柳暗花明又一村”。通过前 6 个景点的爬山涉水至海拔 200m 高的恩上村村头，这里桃花盛开。

（8）天池倩影——落羽杉、水杉，可见于池中。

（9）梧桐烟雨——在梧桐山头上，这里白云烟雾环绕，为游客攀登山顶休息之佳所。

（10）云岭远眺——梧桐山是深圳市最高峰，站在山顶，可眺望香港特别行政

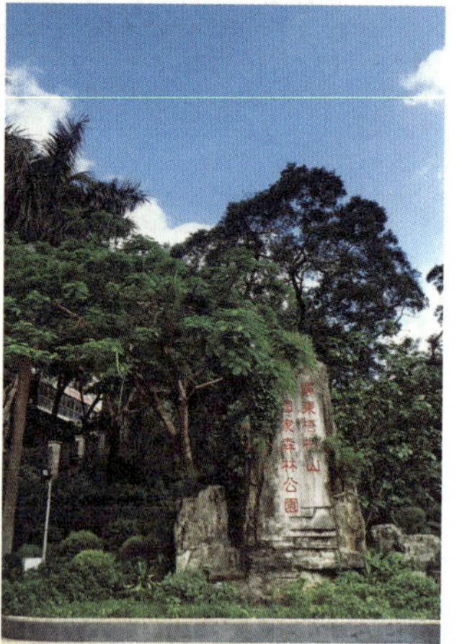

区、深圳，可俯瞰沙头角、大鹏湾。

8．地方特产

西乡基围虾、南澳鲍鱼、坪山金龟桔、龙岗三黄鸡。

9．住宿设施

（1）深圳梧桐印象客栈：深圳罗湖区望桐新 248 号，近梧桐登山口。

（2）深圳茂祥宾馆。

10．自驾游路线

东园路到广东梧桐山国家森林公园：

进入上步南路——沿上步南路行驶——滨河大道——滨船步路——沿河南

路——罗沙公路——东部沿海高速公路——梧桐山国家森林公园。

11. 公共交通路线

（1）坐 113 路至莲塘三十六区总站（蛇口码头——莲塘三十六区）。

（2）坐 211 路至梧桐山总站（环线：建设路——梧桐山）。

12. 推荐行程

（1）线路 1：梧桐山村——盘山公路——停车场——好汉坡——大梧桐顶。

（2）线路 2：梧桐山村——梧桐山水库——泰山涧——葫芦池——梧桐顶。

（3）线路 3：梧桐山村——梧桐山水库——百年古道——大梧桐顶。

（4）线路 4：梧桐山村——梧桐山水库——桃花源——大梧桐顶。

（5）线路 5：梧桐山村——梧桐山水厂——麻水凤——小梧桐——大梧桐顶。

广东圭峰山国家森林公园

中文名称	广东圭峰山国家森林公园
英文名称	Guangdong Guifeng Mountain National Forest Park
地理位置	广东省江门市新会区北部、圭峰山省级风景名胜区东部
占地面积	3550hm^2
气候类型	南亚热带季风气候
植被类型	南亚热带季风常绿阔叶林
森林覆盖率	86.45%
管理单位	广东省圭峰山国家森林公园管理委员会
公园级别	国家级
著名景点	云峰烟雨景区、玉台古寺景区、绿护桃源景区、玉湖春晓景区、龙潭飞瀑景区、叱石古寺景区、石涧生态公园景区

1．位置

圭峰山国家森林公园距江门市中心约 7km，距中山市区约 35km，距广州市 65km。公园外部交通便利，西北部有佛开高速可达佛山、广州，东部中江高速直通中山，东南部有江珠高速直通珠海，南部有西部沿海高速公路，江鹤高速沿公园北部通过。

2．气候

公园地处北回归线以南，属南亚热带季风气候。气候温和，日照充足，雨量充沛，夏热冬冷，无霜期长。气候特征：①气温和无霜期：年平均温度 22.2~22.9℃，其中，极端最高温度 38.7℃，极端最低温度为 –3.1℃，无霜期在 339 天以上；②光照条件：年平均日照时数 1800 小时以上；③降水情况：年平均降水量 2055mm 左右，降雨以 6 月和 8 月为最多，12 月至翌年 1 月最少，夏、秋季偶有台风暴雨影响。

3．地形地貌

公园西北部与鹤山市皂幕山、蓬江区大雁山相连，属珠江三角洲低山丘陵，西北高东南低。地形以丘陵为主，丘陵山地海拔相对高度在 300~400m。园内主要地貌特征为“三峰簇一屏”，“三峰”分别是圭峰、云峰和叱石峰，“一屏”是位于公园北部的绿护屏。其中最高峰为云峰山顶，海拔 545m。

4. 植物资源

（1）园内植被可划分为 6 种主要植被类型，包括季风常绿阔叶林、常绿针叶林、针叶与阔叶混交林、山顶灌草丛、湿地植被、人工植被。

（2）根据对公园区进行的生物多样性快速调查，初步记录到森林公园内共发现野生高等植物 99 科 254 属 352 种（含种下分类单位，下同）。其中，苔藓植物 1 科 1 属 1 种；蕨类植物 16 科 20 属 31 种；裸子植物 3 科 3 属 3 种；被子植物 79 科 230 属 317 种（其中，双子叶植物 67 科 174 属 247 种；单子叶植物 12 科 56 属 70 种）。

（3）以 1999 年 8 月 4 日中华人民共和国国务院正式批准公布的国家保护植物种类与级别（第一批）为准，森林公园内发现国家 II 级重点保护野生植物 2 种，即桫椤和樟树（香樟）。国家 I 级重点保护的植物在区内有栽培即苏铁（铁树）和水松；国家 II 级重点保护的植物，在区内有栽培的为莲（荷花）、降香黄檀（黄花梨）；

《中国植物红皮书》中的渐危种，在区内有栽培的为长叶竹柏 1 种。《濒危野生动植物种国际贸易公约》附录二的种类有大戟属 2 种，即飞扬草和小飞扬，兰科 3 种，即竹叶兰、建兰、石仙桃。

5．动物资源

（1）森林公园内有野生脊椎动物 27 目 73 科 146 属 171 种，其中鱼类 27 种，两栖类 17 种，爬行类 26 种，鸟类 80 种，兽类 21 种。

（2）森林公园内国家重点保护动物有 11 种，包括国家Ⅰ级重点保护野生物种蟒蛇；国家Ⅱ级重点保护动物小灵猫、黑鸢、松雀鹰、雀鹰、红隼、褐翅鸦鹃、红角鸮、斑头鸺鹠、三线闭壳龟、虎纹蛙等 10 种。另有广东省省级重点保护动物 12 种。

（3）从公园分布区域来看，在佛爷顶至第一水库一线以西的地区，是呈深“V”形的峡谷地貌，植被类型复杂多样，人迹罕至，基本无旅游开发活动，是有利野生动物活动的良好生境，记录有 171 种脊椎动物，占森林公园脊椎动物总种数的 83%。从栖息环境来看，针阔混交林和常绿阔叶林的野生脊椎动物相对丰富，记录的动物种数均在 100 种以上，均占该森林公园野生脊椎动物总种数的 60% 以上。

6．人文资源

圭峰山国家森林公园拥有玉台寺、观音寺、紫云观等名胜古迹和宗教文化景观。苏东坡、陈白沙、僧一行等历史名人曾在此留下史迹。

7. 主要景点

景点级别		一级景点	二级景点	三级景点
自然风景资源	地文资源	圭峰叠翠	牵线过脉	四面云山
	水文资源	天鹅湖	山光潭影（石涧水库）、龙潭飞瀑	玉龙湖、碧潭春深（玉湖）
	生物资源		吒石松涛、玉台红叶	绿护飞雪、绿护樱花、杉屏落霞、葵博园、植物园
	天象资源	云峰烟雨		云谷藏道、东岭晨曦
人文风景资源	人文资源	玉台古寺	紫云观、吒石观音寺、吒石成羊	永镇山门、碧霞楼、乳泉苑、客家村遗址、葵博园、玉湖小苑、琼岛露台、小堤凌波、玉湖踏浪、希尔顿（逸林）酒店、龙泉度假酒店、青少年国防教育训练基地
合计	35	4	8	23
可借景资源		会城城区新貌、五和农场、小鸟天堂		

8．地方特产

圭峰红茶。

9．餐饮设施

（1）龙泉度假酒店：位于龙泉休闲度假服务区内，可提供约 1000 个餐位。

（2）圭峰山招待所：位于玉湖休闲度假服务区内，可提供约 200 个餐位。

（3）御景酒店：位于玉湖休闲度假服务区内，可提供约 1000 个餐位。

（4）希尔顿（逸林）酒店：位于玉湖休闲度假服务区内，在建的五星级酒店，可提供约 1000 个餐位。

（5）玉台寺素食餐厅：位于玉台古寺景区的玉台寺内，可提供少量餐位。

（6）叱石观音寺素食餐厅：位于叱石观音寺景区、新建成的观音寺内，可提供约 200 个餐位。

（7）石涧林家乐餐厅：位于石涧生态公园景区内，村民利用自家场地提供少量餐饮服务。

10．住宿设施

（1）龙泉度假酒店：位于龙泉休闲度假服务区内，已建成的四星级酒店，可提供约 250 个床位。

（2）圭峰山招待所：位于玉湖休闲度假服务区内，已建成的星级住宿设施，可提供约 50 个床位。

（3）希尔顿（逸林）酒店：位于玉湖休闲度假服务区内，在建的五星级酒店，可提供约 700 个床位。

此外，位于公园东侧、圭峰路上的玉湖御景酒店、四季酒店还可为公园游客提供 250 个床位。

11．娱乐设施

公园内现有的娱乐设施为设置在龙泉度假酒店的娱乐场所，档次较高。公园背面的北坑体育运动公园，有儿童游乐园、烧烤场、溜冰场、网球场、足球场等运动休闲设施。随着未来希尔顿（逸林）酒店的落成，将进一步完善园内的配套娱乐设施。

圭峰山森林公园紧邻城区中心，在公园周边已具备较好的娱乐设施配套。为了突出森林公园生态旅游的特点，贯彻“山上游，山下住”的原则，对公园内部的娱

乐设施不做新增规划。

12. 自驾车路线

（1）江门市出发：4km，有 6 路公交车和旅游专线车直达。

（2）中山市出发：60km，有江中高速相连，车程 40 分钟。

（3）广州市出发：110km，有佛开高速公路相连，车程 70 分钟。

（4）佛山市出发：80km，有佛开高速公路相连，车程 50 分钟。

（5）珠海市出发：90km，有省道相连，车程 80 分钟。

（6）深圳市出发：220km，有高速公路相连，车程 150 分钟。

（7）香港特别行政区出发：230km，景区内每天有豪华直通巴与香港对开。

（8）澳门特别行政区出发：陆路 100km，有省道相连，车程 90 分钟，新会港有直达水翼船对开，全程 2 小时。

13. 推荐行程

游览主题：登圭峰、游绿护，访名寺、研理学，山水观光、宗教朝觐、森林浴、自然教育。

游览构想：规划一条涵盖公园核心景观区和主要景点的精品游览线路，线路途经玉台古寺景区、绿护桃源景区、云峰烟雨景区、叱石古寺景区。具体线路如下：从现有主入口（永镇山门）进入公园，沿上山步道步行或乘环保车至玉台古寺景区参观玉台寺；从玉台寺步行或乘环保车至绿护桃源景区游玩；从绿护桃源景区步行或乘缆车至叱石观音寺景区参观，最后从北门离开公园。

游览时间：3~5 小时。

广东广宁竹海国家森林公园

中文名称	广东广宁竹海国家森林公园
英文名称	Guangdong Guangning Zhuhai National Forest Park
地理位置	广宁县南街镇、横山镇、古水镇、洲仔镇
占地面积	8500hm^2
气候类型	亚热带季风气候
植被类型	竹林、针阔叶混交林、针叶混交林、针竹混交林、阔竹混交林、经济果林等
森林覆盖率	85.3%
管理单位	广东省肇庆市广宁县林业局
公园级别	国家级
著名景点	栈道长廊、十里竹廊、海心州、观竹楼

1. 位置

广宁竹海国家森林公园中心区地处南街填东乡，境内多山。

2. 气候

公园内的年平均气温为 21.5℃。一年中，1 月最冷，月平均气温 13.3℃，极端最低温为 –3.2℃；7 月份最热，月平均气温 28.1℃，极端最高温为 39.4℃。年均降雨量 1703.7mm，最多年达 2276mm。年均日照时数为 1669.2 小时，无霜期为 313 天，相对湿度在 80% 以上。

3. 地形地貌

森林公园为丘陵山地，属南岭山脉余脉的延伸部分。在地质构造上处于大地构造位置，属粤桂隆起带，处于吴川—四会深断裂变质带与广宁—罗定断裂带倾斜结合部，构造复杂，岩浆运动相对剧烈。土层以出露远古界、下古界地层为主体。地势自西北向东南倾斜；从东南部海拔 200m 的中丘和 350m 左右的山脊，向西北、西、北部逐渐上升到海拔 400m 的高丘和 500m 左右的山脊；绥江斜贯公园，形成一个以绥江为轴，两边高、中间低的斜凹形。多样的地质运动和丰富的地貌，形成了公园多山多水、变化多样的地文景观资源。

4. 植物资源

竹海森林公园的地带性植被是南亚热带季风常绿阔叶林，但已基本被破坏殆尽。现有森林植被类型多样，主要有竹林（以青皮竹、茶杆竹、撑高竹为主）、针阔叶混交林（阔叶树以藜蒴、油椎、荷木为主，针叶树则以杉木、马尾松为主，与部分竹子混交。植被下为棕叶芦、乌毛蕨、狗脊、野牡丹等）、针叶混交林（以马尾松、杉木等为主）、桉树林（速生丰产林）、针竹混交林（以竹子与马尾松、杉木、湿地松组成混交林）、阔竹混交林（多为藜蒴、阔叶树与竹子混交）、经济果林等。公园总面积 8500hm^2，林地面积 7250hm^2，水域面积 780hm^2，居民用地面积 440hm^2，其他 30hm^2，森林覆盖率为 85.3%。

5. 动物资源

新中国成立初期，广宁县境内野生动物资源十分丰富，种类也较多，许多大型兽类如虎、豹、狼等经常出没山林。但随着社会的发展、森林的破坏，野生动物资

源正逐渐减少，大型兽类已经难以看到。森林公园内的野生动物以鸟类、鱼类、虫类为主。主要有以下种类：

（1）小型兽类：狐狸、黄猄、野猪、穿山甲等。

（2）鸟类：雁、白鹭、杜鹃、鹧鸪、鹌鹑、猫头鹰、啄木鸟、鹰、乌鸦、画眉、喜鹊、燕子、白头翁、麻雀等。

（3）鱼类：主要有鲮、鲤、鲫、鲢、鲩、鳝、鳗、鲶、生鱼、塘虱、桂花、黄尾、蓝刀、泥鳅等。

（4）昆虫类：蚕蛾、蝶、蝉、蜂、龙虱、蟋蟀、蜻蜓等。

（5）其他：蛇、蛙、龟、鳖、虾、螺、蟾蜍、壁虎、蛤蚧、蜥蜴等。其中，穿山甲属于国家Ⅱ级重点保护野生动物。

6. 主要景点

（1）栈道长廊

栈道长廊位于绥江河畔，沿着河畔蜿蜒曲折，长约1km，栈道两旁古树参天，竹林茂密，河水清澈，景区色幽美，是竹海景区的一处最佳摄影集中点。

（2）十里竹廊

十里竹廊位于景区中心向酒店方向，道路两边竹林约1km，可接连景区外的竹林，约十里*，故称十里竹廊。

（3）海心洲

海心洲景区位于罗锅村边，总面积4hm^2。有竹林、游乐游览区，因为两边环水，在海心形成一个洲，故称海心洲。

（4）土家风情园

广宁竹海森林公园坐落在东乡村及罗锅村，是一座人文景观与自然景观相融

* 1里=500m

合，集旅游观光、文艺表演、住宿、餐饮、娱乐、购物等于一体的大型综合性旅游服务企业。

（5）竹排漂流

竹排漂流位于竹海景区内，竹排沿绥江河顺流而下，漂流水程约 3km，是竹海旅游项目中最刺激的娱乐项目。

（6）观竹楼

观竹楼位于罗锅片竹林区，于 2006 年 8 月动工，2007 年 8 月建成，历时一年。观竹楼底层直径 20m，亭高 33.8m，六柱到顶，柱围 2m，亭计 4 层，势力分六角，是肇庆现存最高、最大的亭台式仿古建筑，罕见的宏图巨制，广宁的标志性建筑物。在这里，有如身临一片竹的海洋。

7．地方特产

（1）竹笋：竹笋以其味美、鲜、清、香、爽口而引人胃口，凡食者莫不对其赞叹不已，因其有丰富的纤维素，能调节生理功能、排毒洗肠，故有“肠道清道夫”之称。

（2）竹芯茶：竹芯，竹之嫩叶苞，用之泡茶，饮来清心，消暑润肺、化痰。

（3）竹荪：竹荪是一种名贵的食用菌，因味道鲜美而享有“真菌皇后”之称。

8．餐饮设施

竹苑餐厅位于景区中心地带，主要供应广宁特色菜色，如竹林走地鸡、竹笋、竹虫等。

9．住宿设施

竹林草舍及江景别墅位于十里竹廊路段，环境美、空气好，又称“氧吧”。景区内有 45 间标间，3 间套房，5 幢江景别墅，一次可接纳 115 人入住。

10．购物设施

景区内店铺有本地土特产及竹工艺品。

11．娱乐设施

景区内有竹排、飞船、自行车、水上乐园等项目。

12．区内交通

景区观光车以汽油为燃料，适应竹海道路环境。车速较慢，一般运行时速为20~30km，可乘坐 17 人。坐观光车游园，能尽情观赏沿途的风光，领略竹海“春看竹雾、夏赏竹绿、秋览竹波、冬观竹”的生态景观，给人惬意的旅游享受。

观光车线路：景区中心——十里竹廊。

13．自驾游路线

（1）广州：广三高速——二广高速——263 省道——竹海国家森林公园。

（2）深圳、东莞：广深高速——广三高速——二广高速——263 省道——竹海国家森林公园。

14．推荐行程

景区大门票（竹字型牌坊）——凌波栈道（沿绥江观竹长廊景色）——景区中心（彩霞神龟、天地转运图、水世界乐园）——坐竹筏游绥江（顺流而下，欣赏一江两岸美景）——上海心洲（即忘忧岛，拜望江和尚）——过浮桥登观竹楼（观万亩竹海）——返程回海心洲乘坐大游船或竹排——景区码头——漫步十里竹廊（品氧洗肺）——竹苑餐厅品尝美餐——入住客房或结束行程。

广东北峰山国家森林公园

中文名称	广东北峰山国家森林公园
英文名称	Guangdong Beifeng Mountain National Forest Park
地理位置	广东省江门市台山市东北部
占地面积	1161.6hm^2
气候类型	南亚热带海洋性气候
植被类型	南亚热带季风常绿阔叶林
森林覆盖率	93%
管理单位	江门市古兜山林场
公园级别	国家级
著名景点	喃呒山、北峰寺、北峰山生态教育基地、坪南景区

1. 位置

北峰山国家森林公园位于广东省江门市台山市四九镇，距台山市台城镇12km，地理坐标在北纬22°15′00″~22°33′09″，东经112°56′67″~112°57′04″。

2. 气候

公园地处北回归线以南的低纬度地区，属南亚热带海洋性气候，光照充足，辐射量大，热量丰富，夏长冬暖，雨量充沛，干湿分明，资源丰富，物种众多。

3. 地形地貌

北峰山国家森林公园在平面图上呈东西窄，南北长，东西宽约3km，南北长约7km，地层为花岗岩广布区，岩浆岩为中生代燕山期侵入的花岗岩，构造上为中等规模的花岗岩穹窿体，但其上覆的泥盆系、寒武系的沉积岩层已基本被剥蚀殆尽。北峰山国家森林公园地貌主要由燕山三期花岗岩组成的中、低山山地。

4. 植物资源

公园内植物种类丰富，据初步调查统计，有维管束植物 1184 种，隶属于 618 属 183 科。包括：沟谷雨林、季风常绿阔叶林、山地季风常绿阔叶林、常绿针叶林、常绿针阔叶混交林、灌草丛、人工林。

5. 动物资源

公园内野生动物资源较为丰富，据调查统计，共有 181 种，隶属于 69 科 29 目 5 纲。濒危珍稀动物有 23 种，其中列为国家Ⅰ级重点保护野生动物有蟒蛇，国家Ⅱ级重点保护野生动物有穿山甲、水獭、小灵猫、岩鹭、鸢、雀鹰、松雀鹰、普通鵟、白腹鹞、游隼、红隼、绿背金鸠等 22 种。

6. 人文资源

据《新宁县志》记载，北峰山古称百峰山，是以其周围有百座以上山峰，又因位于台山之北，而称北峰。位于瓶身峰西面的喃呒山，相传济公当年济世为怀，云游此地时到处施药救人，为朝拜济公，南宋光宗六年（1194 年），人们在山上建有喃呒庙。鼎盛时期，香火不绝，久负盛名。晚清时期，毁于战乱。2004 年修复，改名为北峰寺。

7. 主要景点

喃呒山、生态步行径、药用植物科普长廊、北峰寺、北峰山生态教育基地、坪南景区。

8. 地方特产

白云茶、蜂蜜。

广东九龙湖森林公园

中文名称	广东九龙湖森林公园
英文名称	Guangdong Jiulonghu National Forest Park
地理位置	广东省肇庆市鼎湖区凤凰镇内
占地面积	729.4hm^2
气候类型	南亚热带季风气候
植被类型	南亚热带季风常绿阔叶林
森林覆盖率	90.9%
管理单位	肇庆市北岭山林场
公园级别	省级
著名景点	肇庆市九龙湖景区

1. 位置

九龙湖森林公园位于肇庆市鼎湖区，坐落于九坑河水库东侧，面积 729.4hm^2。其中，九龙湖旅游风景区（不含水库）523.3hm^2，新增面积 206.1hm^2。地理坐标为：东经 112°32′32″~112°34′33″，北纬 23°12′37″~23°14′45″。森林公园西靠水库，东止桂峰村，北到菠萝坑顶，南为林场边界。

2. 气候

公园位于北回归线以南，属南亚热带季风气候区。年均气温 21℃，1 月平均气温为 12.6℃，7 月平均气温为 28℃。极端温度：最高 38.5℃，最低 0℃。大部分年份无霜冻。年平均日照时数为 1600 小时。年均相对湿度 80%。年均降水量为 1878.3mm，4~8 月为雨季，月平均降水量为 200mm，11 月至翌年 2 月为旱季，月平均降水量不足 100mm，干湿季节明显。公园空气清新，含负氧离子高，是休闲避暑的理想之地。

3. 地形地貌

公园属于云雾山脉的余脉。地质年代为晚古时代及中、下三叠纪，受加里东运动和印支（海西）运动的影响，地层褶皱产物，由泥盆纪厚硬砂岩层组成。公园为侵蚀剥蚀构造地形，属低山丘陵地貌。园内最高峰为菠萝坑顶（543.4m），其余多为海拔 100~400m 的中高丘，有院主山（418.0m）、牛归栏（248.0m）、伯公坑顶（240.3m）、天神顶（311.0 m）等山峰。坡度多在 20°~30° 之间，个别地段在 45° 以上。公园土壤为赤红壤，成土母岩为泥盆系的厚层砂岩、砂页岩。硅化作用较强，岩石坚硬，层理不明显，沟坡见有燕山期小花岗岩体出露。公园的地文资源具一定科学考察价值、科普教育价值和景观美学价值。

4. 植物资源

公园地处北回归线以南，为南亚热带季风气候。地带性植被为南亚热带季风常绿阔叶林，组成种类丰富，热带成分多，层次结构复杂，生物多样性丰富。

由于长期受人为干扰，公园地带性植被不复存在。现存植被以马尾松林为主，次为针阔混交林，还有次生性的丘陵季风常绿阔叶林、沟谷季雨林、湿地松林等。

据 2004 年森林资源二类调查资料统计，公园有马尾松林 292.0hm^2，针阔混林 162.4hm^2，湿地松林 11.1hm^2，阔叶混交林 32.6hm^2，木本果树 11.5hm^2，其次为西南桦、

肉桂和杂灌。

公园植物以番荔枝科、桑科、大戟科、樟科、桃金娘科、山茶科等热带、亚热带科植物为主，如水同榕、对叶榕、黄毛榕、桃金娘、大叶算盘子、鼎湖血桐、白背叶、黄樟、枫香、红淡比、荷木等。人工栽培种有马尾松、湿地松、肉桂等。公园内列为国家Ⅱ级重点保护植物有黑桫椤、樟树、金毛狗等 3 种。

(1) 公园的森林植被景观

① 马尾松林景观

马尾松林是公园的主要植被类型，林龄约 20 年，林分平均高 7~8m，胸径 13~20cm。郁闭度 0.6~0.8，层次结构简单。马尾松树形苍劲，远观景观苍翠，但四季景观单调，无明显季节性变化。

② 荷木、红锥丘陵季风常绿阔叶林景观

常绿阔叶林集中分布于公园中部。由于自然条件和人为干扰，常绿阔叶林高度、层次和组成种类均与鼎湖山相差甚远，且次生性明显。乔木层以荷木、红锥为优势，还伴有马尾松、鹿角栲、黎蒴，高约 8m，乔木下层以罗浮柿、大叶算盘子、山苍子为主。

③ 假苹婆、华润楠沟谷季雨林景观

分布在天神沟低海拔的沟谷中，以热带物种为主，为热带雨林的表征，层次结构复杂，藤本植物发达，有大型叶性植物。群落上层以华润楠和假苹婆为优势物种，高 10~13m；中下层种类复杂，有水同木、黄毛榕、水东哥、山油柑等；灌木和草本层以蕨类植物为优势物种。群落里有多种大型木质藤本，如瓜馥木、紫玉盘、扁担藤，攀缘于上层乔木之上。

④ 马尾松、荷木针阔混交林景观

由荷木、山乌桕、南酸枣等喜阳先锋树种，入侵马尾松林，自然演替而成。乔木层以马尾松与荷木为优势物种，灌木层以山苍子、红背山麻杆、大叶算盘子等为主，草本层以乌毛蕨、芒萁为优势物种。群落色彩斑驳，四季景观变化明显。

⑤ 水库季节性草滩景观

公园水库边缘，一到冬季枯水期，大片库滩裸露，长满水蜈蚣等矮小禾草，似绿色的地毯一般，镶嵌在绿水和青山中，如诗如画。

(2) 公园的森林植物景观

① 老茎开花景观

在天神沟沟谷中，以热带种类为主，具有热带雨林的某些特征。如茎花现象，青果榕、水同木、黄毛榕，在树干上开花结果。还伴生有多种喜阴的大叶植物和树形蕨类，衬托出浓郁热带雨林的特色。

② 黎蒴景观

公园有一片黎蒴林，树冠浑圆，参差起伏，以黎蒴为优势，还伴有罗浮柿、栲等。每到 4~5 月，黎蒴花开时，满树黄色，甚为壮丽。

③ 黑桫椤群景观

黑桫椤是树形蕨类，异常珍稀的孑遗植物，被列为国家Ⅱ级重点保护植物。黑桫椤在天神沟沟谷溪流下层有小片分布，植株高约 2.5m，枝叶婆娑如伞状，颇为奇特。与之伴生的有华南紫萁、石菖蒲等。

5. 动物资源

由于公园临水，园内动物种类以亲水性的鸟类和爬行类较为常见，如白鹡鸰、

白头鹎、棕背伯劳、大白鹭、白鹭、牛背鹭、平胸龟等；爬行动物有金环蛇、水蛇、白眉游蛇、白花锦蛇、石龙子等；两栖动物有棘胸蛙、沼蛙等几种蛙类。哺乳动物较少，常见有隐纹花松鼠、野猪等。国家Ⅰ级重点保护动物有蟒蛇，国家Ⅱ级重点保护动物有白鹇、虎纹蛙、水獭等 6 种。

6. 主要景点

肇庆市九龙湖景区，位于广东九龙湖森林公园内，集雨林面积达 146km^2，湖面面积达 3.67km^2，平均水深 12m，湖面呈“人”字形，由九条山溪水汇合而成，9 条山溪又宛如 9 条蛟龙腾空欲出，故有“九龙湖”之称。

不同的季节形成了九龙湖四大景观：春天彩绿抒怀、夏天冰爽山泉、秋天山岭胜景、冬天飞雾奇观。春天，各种植物焕发生机，出现不同颜色的绿，在各种山花的衬托下，形成了彩绿的九龙湖，激起游人美好的情怀、浪漫的情感；夏天，清澈的山泉会显得更冰凉爽快，在溪流中戏水，在天然的潭水中浸浴、畅泳，倍感冰爽；秋天，秋高气爽，登上望龙岭或天神峰，可见九条山脉盘绕着九龙湖，在九龙湖水面的衬托下，仿佛九龙戏水，蔚为壮观；冬天，日出时，湖水在太阳温暖的呼唤下，湖面形成一束束不同形态的白雾，仿若人间仙境，此时乘船游湖就像与众仙共舞，乐比天宫。

（1）灵山药谷吸氧、洗肺——一个野生中草药植物众多的溪涧，富含高浓度负离子，是吸氧、洗肺好地方。

（2）凤凰谷猎奇探秘——幽谷深处景观丰富，瀑布、水潭、水叠、奇藤、趣石众多，就连恐龙时期的孑遗植物、有“活化石”之称的桫椤也整片藏于幽谷中。游览期间或穿越森林，或跨越峡谷，或攀岩扶壁，或走铁索、过悬桥，皆能体验无限野趣。

（3）桫椤王国——是目前华南地区发现的最大桫椤、黑桫椤原生态群落。桫椤、

黑桫椤成簇、成群、成遍生长分布在小溪的两边。由于生长的局部环境不同，黑桫椤的树干出现了多种形态，有直立、斜形、单钩形、双钩形、卧形等，妙趣无穷；由于树龄的不同，从几十厘米到3~4m高不等，形成多代同堂的壮观景象。

主要景点有：蓬莱园、湖心岛、龙潭飞瀑、蓬山佛迹、斗鸡双峰、方腊寨、子瑛公馆、烈士陵园等，另有九龙山庄、九龙乐园、九龙射击场等游乐设施，是旅游、避暑、休养和进行爱国主义教育的好地方。

7. 特色饮食

公园特色饮食有客家大盆菜、柴火焖九坑百日鹅、风味山坑螺、肇实。

8. 餐饮设施

龙谷湾餐厅位于森林公园的中心区域，背山面湖，环境优美、干净舒适。餐厅内部配套设施完善，装修高雅。餐厅分两层，共有900多个餐位。一层为楼面大厅，面积约700m^2，能同时容纳700多人用餐；二层为包房，其中中型包房3个，大型包房1个，能同时容纳200人用餐。供应客家特色农家菜：客家山村走地鸡、九龙湖水库鱼、客家焖猪肉、水库鱼、山坑螺、泉水鸡、九坑百日鹅、龙湖特色围餐、龙湖风味宴、龙湖极品大盆菜等。

9. 住宿设施

九龙湖度假山庄，龙谷湾度假山庄。

10. 娱乐设施

冰泉泳池，风情表演，篝火晚会。

11. 购物设施

肇庆市裹香皇食品有限公司，该公司主营裹蒸、粽子、年糕、山水河粉、髻仔粉等地方特色食品。

12. 自驾游路线

（1）深圳、东莞、广州、佛山等地自驾游路线

① 二广高速（G55）——往三水方向，在大旺出口出——321 国道——莲花镇——布基——院主——右转进入凤凰路口直走 1km——九龙湖景区南门。

② 二广高速(G55)——往三水方向，从往江门方向转上珠三角环线高速(G94)，在鼎湖莲花出口出——321 国道——莲花镇——布基——院主——右转进入凤凰路口直走 1km——九龙湖景区南门。

（2）珠海、江门、中山等地自驾游路线

① 中江高速——江肇高速——沙浦方向——珠三角环线高速（G94），在鼎湖莲花出口出——321 国道——莲花镇——布基——院主——右转进入凤凰路口直走 1km——九龙湖景区南门。

② 中江高速——江肇高速——肇庆方向，在高要白土出口出，过肇庆大桥——端州路（广州方向）——321 国道——鼎湖山牌坊——鼎湖桂城车站——左转进入凤凰路口直走 1km——九龙湖景区南门。

13. 公共交通路线

（1）肇庆市区

坐肇庆 3 路公交车至九龙湖景区南门(凤凰镇)站下车。

（2）高铁转公共交通

广州南站——肇庆东站——肇庆 204 路或 205 路公交车——凤凰路口——肇庆 3 路公交车——九龙湖景区南门 (凤凰镇)。

14．推荐行程

（1）观光游（一日）

10:30 抵达景区正门——乘坐机动船到凤凰台——10:45 观看风情表演——参观客家民居（夯墙屋）——12:00 午餐（可品尝农家风味宴）——13:30 桫椤谷、凤凰谷、灵山药谷溯溪探险——15:30 冰泉泳池畅游——16:30 龙谷湾码头乘船离开景区——返程（也可以观看 20:00 的篝火晚会后离开）。

（2）休闲度假（两日）

第一天：10:30 抵达景区正门——乘船览胜至龙谷湾——入住度假山庄——12:00 午餐（可品尝农家风味宴）——13:00 灵山药谷、凤凰谷探秘、天神寨、森林童话——15:30 冰泉泳池畅游——18:00 晚餐（野趣烧烤或围餐）——20:00 篝火晚会。

第二天：早起——8:30 早餐—桫椤王国——望龙台——12:00 午餐——14:00 参观客家民居、观看风情表演——15:00 返程。

广东新岗森林公园

中文名称	广东新岗森林公园
英文名称	Guangdong XinGang Forest Park
地理位置	广东省肇庆市怀集县洽水镇境内大稠顶山脉
占地面积	904.3hm^2
气候类型	亚热带季风气候气候
植被类型	沟谷亚热带常绿阔叶林、亚热带常绿阔叶林、山地灌木草甸、针阔混交林
森林覆盖率	95.3%
管理单位	肇庆市新岗林场
公园级别	省级
著名景点	大稠顶奇峰、高山茶园、新岗云海

1. 位置

新岗森林公园位于广东省肇庆市怀集县洽水镇境内大稠顶山脉。

2. 气候

广东新岗森林公园属亚热带季风气候。年平均气温21.7℃，极端最低温度–3℃，极端最高温度37.5℃，高温期出现在6~8月份，低温期为每年1、2及12月份。年降水量1740.8 ㎜，年蒸发量1133 ㎜，干湿季明显。每年9月至翌年3月份为旱季，4月至8月份雨量充沛，高海拔地区冬季有降雪。风多为东南风，风力1~2级。由于降水量大，相对湿度大，年平均相对湿度可达80%。每年春季，温暖的东南季风与不愿离去的寒流在园内交锋，形成新岗森林公园独有的新岗云海，如同仙境。冬季，绿山披银装，一片白茫茫，故此，公园又有肇庆的西伯利亚之称。

3. 地形地貌

公园属中山山地，地形复杂，山体垂直切割深。整个地势北部和中部高，南面低，属于西北走向。最高海拔1626m（大稠顶顶峰），最低海拔275m，以主峰大稠顶分为四大山脉走向。山体复杂多变，沟壑多且狭窄，小山体明显耸叠。园内以大稠顶冰川遗迹为核心，山脉纵横为辅，形成颇具特色的山林景观。

4. 植物资源

新岗公园经营面积6684.4hm^2，原始次生林1808.8hm^2，森林覆盖率达90%，是纯天然的“负离子制造机”和“氧吧”。经初步调查统计，公园拥有野生微管束植物1101种，分属于160科560属，其中有国家Ⅱ级保护植物9种。通过详细调查后，估计植物种类的数量将达到2000种。主要森林类型分为：沟谷亚热带常绿阔叶林，分布在海拔900m以下，植物种类繁多，群落结构复杂，含有热带成分；亚热带常绿阔叶林，分布在海拔900m以上的山坡；山地灌木草甸，分布在海拔1300m以上；针阔混交林，主要由马尾松、杉木等针叶树和壳斗科的阔叶树组成。其中，有小片的天然落叶阔叶林分布，即喜树群落，面积约2hm^2。境内的常绿阔叶林及针阔混交林达到3000hm^2。

（1）森林植物景观

① 钟花樱：又名福建山樱花、绯寒樱，当地俗称樱花。在公园山地常绿阔叶林等海拔的林中散生。其树形优美，冬季落叶，早春早花，花粉红至绯红色，满树

繁花，点缀于丛林之中，吸引众多游客前来观赏。

② 巨杉林：公园内有一片树龄 40 多年的杉木林，平均胸径 35cm 以上，最大胸径达 55cm，最高达 29m，树干通直挺拔，如参天巨人，堪称“怀集木”的代表，在广东省内亦是一处难以得见的杉木林景观。

③ 喜树：喜树含有喜树碱，对治疗多种癌症有疗效，被列为国家重点保护植物。公园分布有广东省罕见的喜树群，在大稠顶保护区内成片分布。就广东省内来说，也是保存较好、科研价值较高的群落。

④ 红叶林：公园红叶植物众多，分布普遍，尤以冬季为盛，如山乌桕、岭南槭、青窄槭和枫香。春季，樟科润楠属的嫩枝叶和果序为红色，也非常美观。

⑤ 原始次生林景观：公园原始次生林面积达 1808.8hm^2，面积之大，景观之美，在肇庆可居首位，广东省内也不多见。

⑥ 山杜鹃：山杜鹃普遍分布于公园内，又以大稠顶高山为主要分布点。每年 4 月，大稠顶漫山的杜鹃花与高山的奇石、苍翠的林海形成美丽的景色，吸引着不少游客前来游玩。

（2）古树名木景观

① 迎客松：位于三汾工区公路旁，树高 30m，胸径 1.0m，年龄在 100 年以上。

树干挺拔，树皮成龟甲状斑驳，树冠偏斜，远观颇似黄山迎客松。

② 木荷和鹿角栲古树：白云山茶场公路旁生长有一株木荷古树，树龄约800年，树高25m，胸径1.2m，3人方能合抱，树皮深纵裂。这株古树旁有一株鹿角栲古树，树高、年龄与前者相仿，其壳斗上的小苞片如狗牙状，甚为奇特，故又名狗牙锥，是野生动物的食粮。

5. 动物资源

公园野生动物资源种类比较丰富，经调查，有陆栖脊椎野生动物258种，隶属27目71科。其中珍稀濒危动物有32种，占广东省珍稀濒危动物总数117种的27.4%。国家Ⅰ级重点保护野生动物有黄腹角雉、蟒蛇2种，国家Ⅱ级保护动物有猕猴、短尾猴、穿山甲、水獭等30种（兽类7种，鸟类21种，爬行类2种，两栖类1种）。

① 猕猴：又名恒河猴，常见的猴类。颜面瘦长，红色；尾长超过15cm，有红色臀疣。群栖性。园区内有一片平地被称为“马骝山”的林地，一直有猕猴自然分布。

② 白鹇：鸡形目雉科鸟类，因其头上的长冠和下体全部纯蓝黑色，而上体与

两翅均白色，被誉为“白衣仙子”。雌雄体差异很大。被列为广东省省鸟。国家Ⅱ级重点保护动物。多见于公园内的竹林和灌丛中，黄昏结群觅食。

③ 黄猄：学名赤麂，鹿科麂类中体型最大的一种，国家Ⅱ级重点保护动物。受惊时能发出极为响亮的类似狗吠的叫声。活动范围很固定，被追捕逃跑时，无论跑多远，最后又会回到自己原来的活动区域。生活在低海拔山区丘陵的森林、灌丛。

6. 主要景点

（1）茅坪大坑

又名“大坑沟溪坑”，位于公园的东部，南北流向，与西部黄京坑平行。茅坪大坑为绥江河的支流，上游为大稠顶下发育的石川沟，一路汇集了多条小溪。溪面宽 5~10m，水深 1~2m。两岸植被葱郁，沟中石景堪夸。树生石隙，脱颖而出；石陷树缝，浑然天成。平缓处积水成潭，清澈鉴人；湍急处飞泻成瀑，落珠溅玉。时有细鱼有鳞，怡然青山碧水；偶见肥硕石蛙，藏身激流巨石。溯溪而上曲折有致。以茅坪大坑为代表的多条溪流融溪流、峡谷、飞瀑、深潭、植被于一体，适宜开展溯溪、观光、休闲等旅游活动。

（2）连升五级

位于大沟坑上游，瀑布上方平坦，至此处陡然跌落，落至 3m 许，为一小突起之平台承起后再次跌落，如此跌宕起伏，共分五级，落差虽仅 20m，但是错落有致。逆溪而行，不可一次尽观其貌，景物有露有藏，视线有闭有合，落差有大有小，水流有缓有急，极尽曲折之能事。水涨时分，飞泻而下，轰鸣有声，水花四溅，沁人心脾。此处偶有猴群出没，平添生趣。

（3）黄京坑溪坑

原名黄猄坑，因多黄猄出没而得名，为公园内最大的一条支流，宽 10~20m，水深 0.5~1m，经场部流向绥江河。少雨季节清流细淌，到了雨季，浪花翻滚，声势浩大。树影交叠，清幽怡人。

（4）泻玉潭

位于连新三级电站下方。潭呈圆形，直径约 5m，水深约 3m，上有跌水顺石壁流入潭中，似泻玉一般。潭之上方有岩石被雨水冲刷成的平台，可容纳数十人。两岸绿树掩映，环境清幽。

（5）飞鹅潭

位于连新三级电站下方，泻玉潭上方。潭为椭圆形，长径约 8m，短径约 5m，上有一瀑布，落差约 6m。潭两岸地势陡峭，森林茂密。由于上游修建电站时一些碎砂石冲入潭中，使潭逐渐变得淤塞。由于电站的截流，瀑布的水量不大。

7. 地方特产

高山青新岗茗茶：是国有新岗公园与香港高山青公司合资企业（怀集高山青农产品有限公司）的产品。目前种植有新岗美人、新岗冻顶和新岗白牡丹等主要品种。新岗冻顶和新岗美人曾荣获广东省名优产品称号，高山青系列茶叶产品供不应求，旺销国内市场，成功打响了怀集“高山青”品牌。新岗茗茶终年处于浓雾环绕的高山，有着高洁馥郁的独特美味。茶园设计是新岗又一大景观，梯田状茶田，错落有致的茶树，给人一种世外桃源的感觉。新岗茗茶的发展，对开发新岗森林旅游，发展茶文化，有着不可替代的作用，同时也是森林旅游配套项目的亮点。

广东螺壳山森林公园

中文名称	广东螺壳山森林公园
英文名称	Guangdong Luoke Mountain National Forest Park
地理位置	广东省肇庆市广宁县北市镇葵洞村
地理区域	武陵山脉东段
占地面积	736.6hm^2
气候类型	亚热带季风气候
植被类型	针叶阔叶混交林
森林覆盖率	95%
管理单位	肇庆市葵垌林场
公园级别	省级
著名景点	六层、樱花沟

1. 位置

螺壳山森林公园地处广东肇庆市广宁县北市镇葵垌境内，螺壳山海拔最高处1339m。

2. 气候

螺壳山属于亚热带气候，冬冷夏凉，年平均气温在20℃左右，日常气温比珠江三角洲城市低5~7℃，这种独特的气候环境成为人们避暑、度假、休闲的好去处。随着全球气温的不断上升，每到夏天螺壳山森林公园独特的气候环境将成为城里人避暑、度假、休闲、旅游的好去处。肇庆、广州、广宁境内，乃至南海、番禺、顺德等地来此避暑度假的人络绎不绝；冬天气温骤降之时，山顶白雪皑皑，银装素裹，有南方的"哈尔滨"之美誉。

3. 地形地貌

公园为侵蚀剥蚀构造地形，属于中低山地貌，地势向南部倾斜，海拔落差较大。公园范围内海拔1000m以上的山峰共有12处，其余多为海拔400~1000m的低山高丘。山地坡度多在35°~40°之间，个别地段坡度在45°以上，十分险峻陡峭。最高山位于公园西南部的螺壳山，海拔为1339m，被誉为"粤西第一山"。

4. 自然资源

螺壳山地处南亚热带季风气候区，受南亚热带海洋性季风影响，又因其地形地势特殊，局部小气候特征非常明显：春夏季长时间阴雨连绵，烟雾缭绕；秋冬季节晴空万里，凉风习习，时有冰挂，昼夜温差大。年平均气温21.2℃左右，1月（最冷月）平均气温12.3℃，绝对最低温度–1~4.2℃；7月（最热月）平均气温28.7℃，极端最高气温30~34℃。年平均霜冻期7~20天，出现在12月中旬至次年1月下旬。年日照量2000小时。雨量充沛，年平均降水量2000mm左右，多集中在4~9月，占全年降水量的77.7%，年平均降雨天数160天。由于局部小气候的影响，降水量随海拔的增加逐渐递增，气温随海拔的增加逐步递减，山顶和山脚的温度一般相差3~5℃。冬季，山顶偶有结冰，厚度多在2~15cm。土壤主要是山地红壤、赤红壤，另在海拔850m以上的部分山顶出现了山地黄壤。成土母岩以花岗岩为主，砂岩、页岩次之。土壤结构以砂壤土为主。由于地理环境特殊，公园土壤具有如下特点：公园地处高温多湿地带，降雨量大，地表有机质分解快速，山高坡陡，地表径流量大，不利于养分积累，形成了山顶和山脊土壤为块状结构，土质差，土层薄，肥力较差；但山脉迂回，形成了很多鞍部，山窝林木密集，截流较好，形成山窝土壤结构团粗，土质较好，土层为中、厚土，肥力中等。

5．植物资源

据中国科学院华南植物研究所的初步调查，森林公园内共有维管束植物 164 科 543 属 1017 种，其中蕨类植物 25 科 39 属 71 种，裸子植物 5 科 7 属 8 种，被子植物 134 科 512 属 939 种。森林植被以樟科、木兰科、壳斗科、山茶科、金缕梅科、槭树科、山龙眼科等种类为建群种类，常见植物有黄樟、少花桂、大叶新木姜子、毛桃木莲、网脉山龙眼、山桐子、阿丁枫、枫香、毛栲、鹿角栲、细叶青冈、毛舟柄茶、心叶毛蕊茶、岭南槭、青窄槭、罗浮槭、陀螺果等。

公园内有针叶林（杉木林、马尾松林）、针阔混交林、沟谷季风常绿阔叶林、山地常绿阔叶林、灌丛等植被类型。据 2004 年森林资源二类调查结果统计，森林公园林业用地 726.2hm^2，其中有林地 722.2hm^2。有林地按优势树种依次为：其它软阔叶树林 323hm^2，杉木林 320hm^2，针阔混交林 51.2hm^2，针叶混交林 20hm^2，马尾松林 8hm^2。

裸子植物是起源古老门类群，公园内优越的自然条件庇护着多种裸子植物。例如，罗汉松科的罗汉松、竹柏、百日青，红豆杉科的南方红豆杉、穗花杉，三尖杉科的三尖杉，柏科的福建柏，买麻藤科的买麻藤、罗浮买麻藤，杉科的台湾杉（栽培）。这些植物多是珍稀濒危植物和景观树种。这也是森林公园植物区系的一个明显特征。

公园内有国家Ⅰ级重点保护植物南方红豆杉，国家Ⅱ级重点保护植物樟树、桫椤、秃杉、金毛狗、福建柏等 7 种。兰科植物多为珍稀濒危植物，公园内还有花叶开唇兰、香港安兰、竹叶兰、石仙桃、广东石豆兰等兰科植物 19 种。

6．动物资源

公园内野生动物有大鲵、野猪、果子狸、穿山甲、黄猄、松鼠、狐狸、芒鼠、刺猬、蟒蛇等，其中大鲵、穿山甲、蟒蛇为国家级重点保护野生动物。另有鸟类 200 多种。

7. 主要景点

（1）山景奇峰类

① 龙骨坪：位于公园北部与阳山交界处，这里海拔虽高达 900m 以上，但是从大风坳向东放远望去，却有个方圆 $1km^2$ 皆为平坦的高地，被周围的陡峭山重重包围，仿佛一个盆地。

② 猿头山：位于公园北部边界，是大陡山的南端，从 S260 省道往大风坳方向进入，向北可以看见一座石山好似一个巨大的猿人头，眺望着西南方向。整个山体好似一只神龟守护于此。

（2）沟谷景观类

螺壳山森林公园拥有丰富的沟谷景观资源，主要有葵垌坑（奇石峪）、瑶仔坑、猪六冲、六层纪坑和窝纪坑。

① 奇石峪：葵垌坑和瑶仔坑贯穿公园南北，六层坑溪流与六层电站下游汇合，奇石峪位于葵垌坑南端，从葵垌电站至六层电站，长约 900m，相对高差 50m，峡谷两侧为山崖，较为陡峭，山谷内溪流清澈碧绿，有“龙抬头”“山龟探旅”“石床”“天马脚印”“人间瑶池”“神龟盼侣”等景观。

② 瑶仔坑：自公园启动樱花谷引种试验，景区景观效果大有改善，种植了大批樱花，极大提高了观赏性和休闲性。从 2014 年开始，公园在大力培育当地优质山樱花的同时，引种多个品种的樱花，主要以开粉红或红色花品种为主，色彩缤纷，绚烂无比。

③ 六层深坑：六层坑尾源于海拔千米的山峰，长约 4.2km，在公园范围内长约 3.2km，相对高差 500m 左右，在六层一级电站下游与葵垌坑交汇。深坑沿构造线方向发育，沟谷下切深达 200~300m，山势陡峭、怪石嶙峋，有丰富的流泉飞瀑和溪流潭池景观。

④ 猪六冲：整个沟谷地形起伏较大，海拔高差 250m，两侧分布亚热带沟谷雨林，沟谷内溪流潺潺，水流跌宕，绿荫掩映，是鸟类和昆虫的天堂。

（3）石景景观类

① 人间瑶池：位于奇石峪海拔 330m 处，溪流常年的冲刷撞击，使得花岗岩河床在此处形成半月形凹陷。溪水在深坑中激荡回旋，白浪滚滚，仿若王母坠落凡间的瑶池。

② 三龟探旅：位于奇石峪海拔 350m 处，山谷内光洁花岗岩巨石遍布谷底，颇似神龟的三处巨石相隔不远，如一家三口出游的景象，异常生动有趣。

③ 龙抬头：站在“三龟探旅”的巨石上往下看，一块长形花岗岩巨石伸出水面，顶端有突起，形似龙角，名为“龙抬头”。

④ 神龟盼侣：在奇石峪海拔约 400m 处，有一处总高约 5m 的几块巨石高距岸边，仿佛在焦急的等待伴侣的归来。

⑤ 天马脚印：在“神龟盼侣”对岸石上，由于溪流的冲刷形成多处光滑的坑，有一处马蹄形的深坑，如天马飞过留下的脚印。

⑥ 天然壁画：在六层水库北侧山崖上有一花岗岩石壁（高 20m，宽 10m），石壁纵向纹理清晰，一条纤细的溪流从石壁顶迂回曲折的流下，仿如天然写意山水壁画，清秀而富有诗意。

⑦ 石上花：沿六层坑旁小路往坑尾走，在海拔约 700m 处，有一近圆形花岗岩石蛋，直径约 2m。石上遍布一种蕨类植物——石韦，“石上生花”，青葱碧绿，如天然盆景，异常好看。

⑧ 中流砥柱：在六层溪坑中一条形花岗岩石（长 2m，宽 0.5m）斜插河道中央，水流湍急，巍然不动，仿似“中流砥柱”。

⑨ 海豚石：在六层坑旁小路旁有一巨石高耸，长 6m，宽 3m，高 4m，顶部圆中带尖，形似一头憨态可鞠的海豚。

⑩ 巨石阵：位于六层溪坑中，海拔约 720m 处。河道突然豁然开朗，数十块巨石横亘其间，形态各异。多处形成落差，或宽或窄，水流撞击，声势浩大，如巨石布阵，蔚为壮观。

（4）水文景观类

① 鱼尾瀑：位于六层坑旁的窝纪坑尾，瀑布高 8m，宽 3m。溪流从山间曲折流下，最终在一巨石上铺泻而下，形如鱼尾，因此名为“鱼尾瀑”。

② 层潭映碧：位于葵垌坑与六层坑的交汇处。上湖为人工筑坝蓄水形成的天然泳池（40×20m），浅水区 1.6m 深，最深区域达 5m。潭水左右两侧温度相差 2~3℃，十分有趣。下湖名为“翡翠湖”。

③ 双潭生辉：位于山柑坪水库大坝位置，瀑高 12m，宽 15m，形成深潭，水流翻坝铺泻而下，形成两道壮美的跌瀑。常年水量丰富，水雾弥漫。

④ 山柑坪水库：位于山柑坪工区 S260 旁，湖面约 $3hm^2$，最深处 10m 左右，坝址高程 580.0m，库容约 $250000m^3$。湖水湛蓝，澄澈如镜，时有白鹭游弋湖中，掠过水面。湖周绿树掩映，环境优美。

⑤ 连珠潭：位于葵垌坑海拔约 500m 的深沟内，沟内瀑瀑相连，潭池不断，如一颗颗翠绿的珍珠给山林带上了美丽的珠链。

（5）天象资源

公园内有一般常见的天象资源景观，有日月星辰、朝夕虹霞、风雨阴晴、气候景象等。

① 季节变化

春季青芽抽穗，万物复苏，春花烂漫，空气中含有高含量的负氧离子对人体身体具有保健、疗养之效；夏季山谷中清风徐徐，雨后雾霭弥漫，林静翠滴，繁花似锦、玉树琼枝，具北国风光；秋季秋高气爽，是登高的佳节，感受着凉风习习，此时从螺壳山森林公园观赏日出胜景，蔚为壮观；冬季，气温骤降，冰挂树上也是一道亮丽的风景线，春节期间，诸多游客慕名而来，感受着南方“哈尔滨”之美景。

② 云雾景观

在螺壳山山顶周围，北部大风坳与龙骨坪一带，在清晨、傍晚或雨后天晴之时，山林隐入云雾之中，雾霭沉沉充满山间，云雾缭绕，如入仙境。

8．地方特产

（1）螺壳山苦茶：自然生长于海拔 1000m 以上的山林，这种茶味道苦而甘喉，能清热解暑、止泻去毒，常饮有益健康，对湿疹、皮炎、浓泡疮，特别对小儿头疮、脚疮等皮肤病，用苦茶清洗有治疗作用。现在已经成为当地旅游的主要特产商品。

（2）螺壳山竹笋干：螺壳山竹笋干采用自然生长在海拔 1000m 以上的嫩野竹笋为原材料，用螺壳山泉水蒸煮、晒干、细切，精选后包装入袋。螺壳山竹笋干保持了竹笋鲜、香、嫩的特点，能开胃健脾，自古被视为“菜中珍品”。

9．餐饮设施

距公园 3.5km，是医疗、住宿、饮食、娱乐一应俱全的村委所在地。另外，在公园内还建有一木结构餐厅，设有 100 个餐位。

10．购物设施

公园内，在六层电站饮食店旁设有小卖店。另有，相距 3.5km 的葵垌集市中心，商业条件完善。

11．区内交通

螺壳山森林公园坐落在广宁县的东北角，是清远市、肇庆市及广宁县、阳山县、怀集县“两市三县”的交界点，在肇庆市葵垌林场范围内，省道 S260 贯穿林场南北，林场路段全长约 15km，是林场交通主干线。南可到广宁，西可到怀集，北可到阳山；距广宁 67km，肇庆 160km，广州 200km。

12．自驾游路线

（1）广州：广清高速公路——省道 s260——螺壳山森林公园。

（2）肇庆、佛山：二广高速公路——省道 s260——螺壳山森林公园。

（3）深圳：沈海高速公路——广清高速公路——省道 s260——螺壳山森林公园。

（4）东莞：广清高速公路——省道 s350——省道 s260——螺壳山森林公园。

（5）珠海：广州绕城高速公路——二广高速公路——省道 s260——螺壳山森林公园。

13．推荐行程

葵垌林场——森林公园——六层景区——山柑坪景区——瑶仔坑樱花谷——行程结束。

广东大屏嶂森林公园

中文名称	广东大屏嶂森林公园
英文名称	Guangdong Dapingzhang National Forest Park
地理位置	广东省东莞市塘厦镇境内
占地面积	$1200hm^2$
气候类型	南亚热带季风气候
植被类型	主要是人工阔叶林和针叶林
森林覆盖率	96% 以上
管理单位	广东省东莞市林业局
公园级别	省级
著名景点	竹园、观音阁

1. 位置

大屏嶂森林公园位于东莞市东南部，东起塘厦大坪、龙背岭，南临深圳观澜镇章角库坑，西接深圳公明镇，北起东莞市黄江镇大冚，总面积 26.7km^2。公园距塘厦镇 8km，距东莞市区 37km，距离深圳市 30km，距香港特别行政区 48km。公园距莞深高速公路仅 3 分钟车程，交通便利。

2. 气候

公园属南亚热带季风气候，受季风影响，形成高温多雨的气候特点。年降水量 1500~2400mm，雨量集中在 4~9 月，有夏、秋多雨，冬季干旱的特点。年平均气温 22.1℃。

3. 地形地貌

公园地形为低山高丘。西部有连绵的环形山脉，宛如一天然屏障，主峰海拔约为 348m，故此得名“大屏嶂”。公园北部有打古山水库、石水口水库等水体，亦有海拔 294m 的雷公山。中部有海拔 277m 的观音髻。东面为宽阔的平原和虾公岩水库、企洞水库等水体。

4、植物资源

公园植被主要为人工阔叶林和人工针叶林。林分类型主要有马占相思林、马尾松林、湿地松林、杉林、荔枝林、柑橘林和在山坑、沟谷阴坡保留少量的次生地带性植被——南亚热带季风常绿阔叶林。植物种类有650多种，其中金毛狗和樟树为国家Ⅱ级保护植物。

5. 动物资源

野生动物有蟒蛇、野猪、黄羊、果子狸、穿山甲、眼镜蛇、猫头鹰、猎鹰等。

6. 主要景点

（1）公园主入口塘厦广场

广场入口处竖立着11根约6m高的大理石柱，“大屏嶂森林公园”7个大字镶刻其上，磅礴雄伟，尽显气势。虽然没有石窟艺术的出神入化，但却有雕刻艺术的精工细致。广场占地面积约85 000m^2，入口园林区树种搭配丰富，共有212种，一年四季均有鲜花盛开。广场的突出亮点是广场中间1.2hm^{2}水面的荷花池，池中种有荷花、睡莲、芦苇等十几种水生植物。夏季荷花盛开时分（5~9月），形色各异的荷花在绿叶的衬托下更加亭亭玉立，正是“接天莲叶无穷碧，映日荷花别样红”。

（2）虾公岩水库（仙女湖）游览区

虾公岩水库位于林坪路旁，集雨面积为 15.7km^2，总库容 1180 万 m^3，是塘厦镇重要的饮用水源地之一。仙女湖就在水库的对面，湖面开阔，水质清澈，远处青山绵延，绿意葱葱。湖中 1000m^2 左右的小岛上种有数十株赤桉，犹如水中仙子，飘逸俊秀，仙女湖因此得名。仙女湖养有 10 多个鱼种，周边有 400 多个标准钓位，可供来者享受垂钓之乐。每逢周末，湖边坐满来自东莞、深圳的钓鱼爱好者，一片热闹欢乐的景象。入夜后的仙女湖在月光和湖周灯光的掩映之下，又是另一番宁静幽雅。

（3）傣家长廊

公园标志性建筑之一，占地面积约 2hm^2。门楼前的月牙湖碧波如镜，湖上的拱桥——金水桥横卧碧水之上，走在拱桥上，游客能深切感受门楼的雄伟，真正体验湖水的宁静。傣族是我国一个有着悠久历史背景和深远文化传统的少数民族，“傣”意思是“自由”或“人”。附有浓厚佛教色彩的傣式楼，意在让游客在走入楼中时，能够“物我相忘，身心皆空”。

（4）竹径步行道

竹径步行道位于翠顶山下，在一片占地面积约 6hm^2 的竹林，铺设了全长约 2.5km 的竹径步行道。竹品种以青皮竹、黄金间碧竹、广宁竹、杂交竹、佛吐竹、毛竹为主。竹子形态优美，袅娜多姿，四时青翠，凌霜傲雨，倍受喜爱，素有“梅兰竹菊”四君子之一、“梅松竹”岁寒三友之一等美称。竹径步行道地势平坦，环境幽雅，沿途竹林茂密，溪流终年不息，溪流中还有许多小鱼、坑螺等。常有游客全家大小

到此玩水、捉鱼、摸坑螺，享受回归自然的乐趣。

（5）百竹园

百竹园始建于 2012 年 3 月，由原来的柑橘地改建而成，占地约 3.3hm^2，是东莞目前首个以“竹”为主题的百竹科普园。百竹园内竹品种约 120 种，由小型丛生竹、中型丛生竹、大型丛生竹、混生竹、散生竹等组成。其中不乏珍稀品种，如巨龙竹、四方竹、紫美人、富韵竹，云南甜龙竹等。2013 年 4 月百竹园先后建成步行道、人工湖，并逐步完善了道路和湖泊的绿化景观，现已全面对外开放。

（6）观音阁

观音阁为 3 层建筑，投入资金 150 万元，占地面积约 429m^2，其中观音阁主体建筑面积 256m^2。观音阁位于东莞市大屏嶂森林公园观音髻山顶，海拔 290m 以上，是游客登高望远的好去处，四周森林茂密，视野极佳，空气清新，可俯瞰世界规模第一的高尔夫球场全景及塘厦镇城市样貌，现已全面对外开放。

（7）高尔夫球场游览区

世界第一大的观澜湖高尔夫球会有 5 个球场共 90 个洞，位于绿荫遮天、溪水潺潺的东莞市大屏嶂森林公园中。5 个球场建筑面积共 65 000m^2，由世界传奇巨星安妮卡·索伦斯坦、格诺曼、奥拉沙宝、大卫·杜瓦尔、大卫利百特设计，为了满足球迷的不同需要，专门开设了一个灯光球场以供夜晚时使用，并有世界第一教练大卫利百特执教的观澜湖大卫利百特高尔夫学院，场内有明月湖、相思湖和企洞水库的点缀，环境非常优美，还有一座高 23.8m、由 699 块汉白玉雕砌而成的观音像，内设有豪华会所、五星级酒店、高尔夫别墅等，是一个配套设施齐全的国际休闲社区，以求让人们在享受公园美景的时候还能全方位体验休闲的高尔夫生活。

（8）好望阁

好望阁建于东莞市大屏嶂森林公园最高峰大屏嶂峰顶，是森林公园游览区之一，处于东莞和深圳的交界处，东临东莞，西临深圳。好望阁是公园最高、最佳的观赏点，周围森林茂密，遮天蔽日，空气清新。登上好望阁，近可俯瞰整个森林公园风貌以及深圳光明农场，远可眺望东莞市和深圳市的城市样貌。世界吉尼斯纪录组织认定的观澜湖“世界第一大高尔夫球场、在建的首个库容超过 1 亿 m^3 的深圳最大水库——公明水库也尽收眼底。

（9）大屏嶂次生林游览区

大屏嶂登山游览区在公园的西部，是东莞和深圳的交界处，东临东莞，西临深圳。园内的最高峰——大屏嶂，海拔 348.3m。园内森林茂密，遮天蔽日，空气清新，负氧离子含量达每立方米 2000 个以上，起点在佛坳，与大屏嶂山顶步行道相接，终点为五指罗，全长约 3300m。步行道位于大屏嶂山脉连绵的山峰上，沿途可鸟瞰公园西边深圳公明大片绿色的平原，同时亦可观赏脚下大片的大屏嶂次生林。

7．区内交通

园内登山路段除少量执勤和工作车辆外，严禁机动车辆通行。

8．自驾游路线

公园设塘厦和黄江两个出入口广场，可以经莞深高速大坪出口抵达大屏嶂森林公园塘厦入口，或者经公常路、塘龙路抵达大屏嶂森公园黄江出入口广场。

9. 推荐行程

（1）塘厦景区广场——仙女湖——傣式长廊——登山大道荔香园——芳园——竹园——百竹园——返程。

（2）塘厦景区广场——仙女湖——百竹园——竹园——芳园——登山大道——观音阁——清风台——黄江景区广场——返程。

（3）黄江景区广场——绿道——雷公山景区——佛坳——寒溪谷——原始次生林群落——返程。

广东大岭山森林公园

中文名称	广东大岭山森林公园
英文名称	Guangdong Daling Mountain National Forest Park
地理位置	广东省东莞市南部，珠江口的东北部
占地面积	2302.2hm^2
气候类型	亚热带季风性气候
植被类型	亚热带常绿阔叶林
森林覆盖率	38.17%
管理单位	东莞市林业局
公园级别	省级
著名景点	茶山顶、观音古庙、知青宿舍旧址、马山游览区、水翁湿地、灯心塘森林核心区、莲花山森林核心区、白石山景区

1. 位置

大岭山森林公园地处大岭山山脉，整个地势东北部偏高，西北部偏低，最高点“茶山顶”海拔 530.1m，登上峰顶，可欣赏城市新貌，也可欣赏周边湖光山色。

2. 气候

属亚热带季风性气候全年暖热，平均气温 21.7℃，1 月份平均气温 13.5℃，7 月份平均气温 28℃，极端最高气温 37.9℃，极端最低气温 0.4℃，4~10 月份为夏季，平均气温在 22℃以上，夏长冬短，无霜期达 350 天；年平均降水量 1790mm，最大日降水量在 6 月，为 395.5mm，最小降水量在 1 月，为 2.2mm；水热条件好，有助于林木的生长，按四季气候标准，大岭山没有冬天，但每年受 1~2 次台风影响。

公园内水体资源丰富，周边有水库 21 个，总库容达 8000 万 m^3，最具特色的是长 1300m 以上的碧幽谷，堪称集石景、水景、林景于一体的绝佳自然奇观。

园区分为石洞核心区、灯心塘森林核心区、马山游览区、莲花山自然保护区、花灯盏—鸡公仔游览区、白石山景区等。主要景点有茶山顶、碧幽谷、观音古庙、知青瓦房、插旗石、弥勒神像、水翁湿地等。

3. 地形地貌

大岭山森林公园属低山、丘陵地貌。以森林资源为主体，以保护自然生态为主要功能，以“自然”“古朴”“野趣”为特色，可供游览、科考、休闲和康体健身的综合性森林公园。

4. 植物资源

山峦浑厚，草木华滋，雄秀相和，奇幽并储，大岭山森林公园处处透着原生态之美。

（1）原始次生阔叶林：石洞景区是整个森林公园的核心区，这一带有近 1333.3hm^2 的原始次生阔叶林。原始次生林是原始森林经过多次采伐和破坏后天然更新的森林。与人工林相比，原始次生林具有景观多样、物种丰富、层次分明、结构复杂、生态功能强等优点。这片森林林冠茂密，林内植物资源较为丰富，生长有珍稀植物。经过调查，大岭山森林公园共有植物种类 542 种，其中蕨类 20 科 26 属 33 种；裸子植物 8 科 10 属 12 种，双子叶 102 科 309 属 427 种，单子叶植物 16 科 53 属 69 种。花卉种类繁多，每逢春回大地之际，百花齐放、姹紫嫣红、争奇斗艳。

（2）水翁湿地：在鸡公仔景区（园区的东南方向）有一片沼泽，面积约 $10.13hm^2$，形成了东莞现有不多的较大片的水翁湿地。湿地与森林、海洋并称为全球三大生态系统，被誉为“生命的摇篮”“地球之肾”。水翁别名水榕，为桃金娘科水翁属的常绿乔木，喜生于水边，有固堤之功能，分布于广东、海南、广西、福建等地区，印度、越南、马来西亚、印度尼西亚、澳大利亚亦有分布。湿地是指天然或人工、长久或暂时之沼泽地、湿原、泥炭地、带有静止或流动的淡水、半咸水或咸水的水域地带，包括低潮位不超过 6m 的滨岸海域。湿地里四季流水潺潺，生物物种丰富，生长有水翁、厚叶算盘子、对叶榕、海芋、露兜草等多种喜湿植物以及虾、蟹等多种水生生物。林冠密不透光，林下树影斑驳。

5. 动物资源

石洞景区的原始次生阔叶林内动物资源较为丰富，生活有穿山甲、野猪、猫头鹰、鹭类、蟒蛇、毛鸡、泽蛙等野生动物。

6. 主要景点

（1）插旗石

往茶山顶的登山步行道途中可直达另一大石脚下，大石上插着一支旗，这就是传说中的“插旗石”。

明朝末年，珠三角沿海一带连年发生灾荒，官府欺压百姓，地主为富不仁，赋税和徭役苛重，弄得民不聊生。为反抗官府和地主的压迫，很多义气之士集结在虎门海口以北一带山中，扎寨安营，并在山腰大石上插起大旗，高呼“替天行道，劫富济贫”。其中，石洞一带的一个山寨据点树木高大参天，树冠交错密集，山与村

之间只有一条小道，弯弯曲曲，连绵几千米，一直延伸到现今的九转湖一带。山寨哨岗就设在九转湖入口处，义士把守住入口，形成一夫当关，万夫莫开之势。

如今，站在石洞山上远远望去，一块大石和上面插着的大旗仍然隐约可见。走近细看，大石上一个深约 1m、直径约 10cm 的小孔赫赫在目。“插旗石”之名因此而来。

（2）茶山顶

海拔 530.1m 的茶山顶是公园内的最高峰，与长安莲花山遥遥相对。登上山顶的观光瞭望亭，能近览周边四镇及南城水濂山，远眺珠江口的轮船穿梭，遥望虎门大桥横卧江面的美景，迎着徐徐吹拂的清风，让人们顿觉心旷神怡。顾名思义，茶山顶上栽种了茶树，是新围茶场的旧址，翠绿的茶园成为山顶上的一道风景线。用清甜的山泉冲泡山上自制的茶叶，来一杯清茶，清香四溢，沁人心脾，别有一番风味。

（3）碧幽谷

碧幽谷位于石洞中心景区，沿山涧而上是碧幽谷的林荫步道，步道旁的潺潺溪流一路奏着悦耳的乐声伴人同行，加之沁人肺腑的清新空气，让人精神为之一振。越往深处，各种乔木、灌木和藤本植物遮天蔽日，许多珍稀动植物在此栖息繁衍。每年 3~4 月，淡绿色的禾雀花成串盛开于山涧，吸引了不少游客前来观赏。

碧幽谷内负离子浓度排在东莞各森林公园监测点的前列，达到 1.2 万个 /cm^3，而负离子对人体有净化血液、活化细胞、增强免疫力、促进新陈代谢等好处。因此，在碧幽谷中，人们会感觉空气清新、心情舒畅，能享受到真正的森林浴。

为打响“碧幽谷”这一品牌，大岭山公园于 2008 年初向相关部门申请注册商标。目前，相关部门已受理了“碧幽谷”的注册申请。

（4）水濂洞

早期开发的水濂洞位于观音寺下面的山谷中，洞口两旁植有两棵苍翠的龙柏，百木之长，坚毅挺拔，斗寒傲雪，长寿不朽。碧幽谷流下的溪水，穿过石洞景区主干路，形成一个小型瀑布，由于没有郁闭的林荫，阳光下清澈的水流吸引了不少游人前来嬉水，或驻足于瀑布旁的大石上，倾听森林里特有的水流乐章。沿着近年铺设的步行道顺流而下，沿途绿荫葱葱，偶尔不知名的小鸟横空飞过，更添林中步行的乐趣。这里没有碧幽谷的幽静，但光线较充足，空气湿度及清洁度不亚于碧幽谷，是步行保健的好地方。

（5）马山庙

马山仙境在金鸡咀水库的西北方向。马山也叫妈山，坐落在大岭山东北面的群山之中，海拔300m。登高远眺，南是莲花山、马鞍山，西北是水濂山。众山对峙，相互映衬，显得马山更巍峨、雄伟。山中林木阴翳，山峪迭石成窟，山间怪石嶙峋，如桂榜石、龙珠石、马鞍石、猪首石、金鸡石、卧虎石、象石等。岩洞迂回曲折，石下清泉不息，泉水洁净清洌，据说，宋朝崔紫霞道人，曾在此讲学，掘有紫霞泉。半山有座马山庙，又名七姐庙，建于宋代，盛于明代。每逢七月初七“七姐诞”和八月十五中秋佳节，总有许多前来上香祈福的香客。庙外一棵许愿树，树上挂满善男信女的许愿宝牒。山腰处有一龙岩古迹，是广东人民抗日游击队第二大队活动据点之一。

（6）观音寺

在石洞景区中心有座古色古香、香火鼎盛的观音寺，寺庙规模虽不算大，但据说很灵验。庙前有一神龟池，可以往池里抛掷硬币，寄托希望。正对寺庙门口的右边是济公殿，庙内四大天王护寺。走入殿堂，殿堂左边是地藏殿、弥陀殿，右边有财神殿、药师殿，内正堂供奉观音菩萨。该寺庙一直是周边地区香客上香的地方，

遇农历节日和诸神诞辰，来自深圳、增城、惠州等附近城市的香客络绎不绝。随着森林公园的知名度不断提高，香客越来越多，为容纳更多的游客，观音寺正进行扩建规划。

（7）笑佛

走到公园中心区，有一座高十多米的大佛依山而立，大佛长耳笑眼，圆圆大肚，袒胸露腹，其案前香火不断。“大肚能容天下事，笑面笑看天下人”，笑佛的面容祥和欢喜，让人顿觉心境舒畅。

（8）知青场

知青场是东莞市现存唯一的知青“下乡”旧址，2012 年 8 月公布为虎门镇第三次全国文物普查不可移动文物。现在的“知青房”已是森林公园重要景点之一，并将修葺规划为可供游人参观、科教的陈列室。这里历经了几十年风雨，但风吹不倒扎根的大树，三排母生树更加高大挺拔、郁郁葱葱；雨冲不走岁月的痕迹，瓦房墙上“工业学大庆，农业学大寨”等字还依稀可见。如今的石洞知青场是如此优美和谐、鸟语花香，但愿知青们艰苦拼搏的精神能永远鞭策世代青年。

7. 餐饮设施

石洞餐厅。

8. 娱乐设施

康体科普园位于石洞主景区下方，占地面积 6278m^2，建有驿站、四角亭、蜿蜒木栈道、观景平台等，另外小广场上配有一批康体器材设备，方便市民健身锻炼，满足不同的人群需求，促进全民健身。该处坐拥水翁湿地生态之美，可观水库美景，是广东省绿道网森林公园（也称山水绿道）段与石洞主景区的一个节点，串联了石洞景区、百花园、珍稀植株园等景点。

9. 区内交通

东莞市大岭山森林公园观光车为敞开式设计，车轮较小，重心较低，车速较慢，一般运行时速为 20~30km，可乘坐 10 人，不但能安全、舒适地到达各大主要景点，还可以尽情观赏沿途的风光，一路沐浴山风，给人惬意的旅游享受。

观光车线路分为 A、B 线路，具体路线如下。

A 线：虎门景区入口（南洞口）——石洞主景区（榕树头站）。

B 线：大岭山景区股入口——石洞主景区（石洞卡口）。

10. 自驾游路线

（1）虎门入口：广深高速——北栅高速口——怀德——国营大岭山林场——森林公园虎门入口。

（2）厚街入口：广深高速——厚街高速口——厚大路——新围——森林公园厚街入口。

（3）长安入口：广深高速——长安高速口——横增路——增田——森林公园长安入口。

（4）大岭山入口：虎岗高速——大岭山高速口——厚大路——水朗——森林公园大岭山入口。

11. 推荐行程

（1）虎门入口——怀德水库——环湖绿道——观音寺——碧幽谷——茶山顶。

（2）厚街入口——厚街景区入口广场——灯心塘自然保护区。

（3）厚街入口——白石山景区——九龙潭。

（4）长安入口——长安景区入口广场——鸡公仔次干道——水翁湿地——野生杜鹃群落。

（5）大岭山入口——大岭山景区入口广场——市林业科学园——大板驿站绿道。

（6）大岭山入口——观音古寺——霸王城——插旗石——茶山顶。

东莞同沙森林公园

中文名称	东莞同沙森林公园
英文名称	Guangdong Tongsha National Forest Park
地理位置	广东省东莞市东南部，东邻寮步，南与大岭山接通，西部与莞长路相连
占地面积	1808hm^2
气候类型	南亚热带季风气候
植被类型	常绿落叶阔叶混交林
森林覆盖率	88%
管理单位	东莞市东城街道办事处
公园级别	市级
著名景点	十里荷塘、计生雕塑园、麒麟岭观景塔、映翠湖景区、岛屿风光、“卫左邦墓”

1．位置

同沙森林公园位于东莞市东城区南部，107 国道旁，东经 113°46′9.0″~113°49′35.0″，北纬 22°56′45.8″~22°59′16.7″。公园北侧为主城区，西北为新城市中心区，南侧为大岭山镇、寮步镇和松山湖科技产业园，是市区调节生态平衡的“绿肺”。

2．气候

园区年平均气温 22℃，雨量充沛，降水集中在 4~9 月，占全年总降水量的 80% 以上，夏、秋两季台风较多，属于南亚热带季风常绿阔叶林。公园空气清新，树木常绿，负氧离子含量高，园内平均每立方厘米有 4500 个负氧离子，是市民休闲娱乐的理想之地。

3．地形地貌

公园有一条 15km 环湖路贯穿全园，沿路湖光山色，十里荷塘，鹭鸟飞翔、山群错落有致，园内最高山为黄公山，高为 249m，北部有同沙水库，属东莞市东城区丘陵片。

4．植物资源

目前初步统计出的树木有松、杉、相思、黎蒴等 70 余种，其中国家Ⅱ级重点保护植物有格木、观光木、红椿、野生荔枝等。

5．动物资源

公园内动物有鹭、鹰及各种蝶类 30 多种，其中国家Ⅰ级重点保护野生动物有穿山甲、蟒蛇等，国家Ⅱ级重点保护动物有白鹭、猫头鹰、果子狸等。

6．主要景点

（1）十里荷塘

一条长约 15km 的环湖路蜿蜒于湖边、山林之中，沿途景色变化多端，两旁鱼塘围绕，种满了各式荷花、睡莲，在每年 5~8 月间盛开，如出水芙蓉般，清凡脱俗，十里飘香，漫步其中，清新自在。

（2）“计生”雕塑园

采用园中园的设计。园内通过巧妙配搭，有一幅幅讲诉每个社会时期“计生”情况的壁画，及一系列体现了“恋”“婚”“性”“孕”“育”“学”“才”“福”计生教育意义的艺术雕塑。

（3）麒麟岭观景塔

站在塔上可以鸟瞰整个同沙水库的全貌和三分之一的公园景观，是游客欣赏水库风光和观鸟的最佳地点。

（4）映翠湖景区

规划面积 30 万 m^2，是一个环境优美的古典园林建筑风格景区。映翠湖景区依山傍水，建有凌波桥、特色亭阁等，园内鸟语花香，绿草如荫，特别在雨后，林间雾气环挠，阳光穿透树林照射土地，宛如人间仙镜。

（5）岛屿风光

同沙水库中间有 2 个独立的小岛，名为“鹭鸟岛”，四面环水，无人涉足，至今保持着原始的生态环境。每年 4~5 月到鹭鸟繁衍时期，大量的鹭类聚集在岛上。此时，鹭鸟岛的树木都开满了美丽的小白花，远远望去恍如画卷，让人由衷赞叹大自然的造化。

（6）人文历史、典故丰厚

公园有广东省文物保护单位——“卫左邦墓”，为清朝光绪年间广东陆路提督卫左邦的墓地，墓前有华表、石将军、石牛、石马、石羊各一对，俗称“石牛石马”。

公园还有“飞鹅龙传说”“麒麟岭传说”“黄公山传说”“七姐妹传说”等故事，赋于公园浓厚的人文色彩。

（7）宗教历史

2005 年，由东莞佛教协会提出，2009 年经东莞市人民政府同意，上报广东省民宗委批准，千年资福寺易址同沙森林公园重建，2010 年 5 月奠基。“人间佛国”资福寺景区规划用地 66.7hm^2，包括资福寺寺庙区和宗教文化博物馆。

7. 区内交通

公园有东、南、西、北 4 个出入口，全长 15km 的环湖路贯穿全园，游客可欣赏沿途秀丽的湖光山色。

8. 自驾游路线

（1）广州：广园快速路——沈海高速——广深高速（石鼓站）——环莞快速路——环城南路——莞长路（钟屋围附近、公园南门）。

（2）深圳：莞深高速——上屯出口——松山湖大道——环城南路（同沙立交桥附近、公园北门）。

（3）佛山：广佛高速——广深高速（石鼓站）——环莞快速路——环城南路——莞长路（钟屋围附近、公园南门）。

9. 公共交通路线

（1）西门——钟屋围：公交K2、公交36、公交37、公交40、公交842。

（2）北门——光明村：公交830、公交838、公交快线10。

10. 推荐行程

（1）西门沿环路——十里荷塘（5月~8月花期）——婚育园——麒麟岭观景台——映翠湖景区。

（2）北门——同沙水库——鹭鸟岛——皮划艇训练基地——资福寺（在建中）——映翠湖景区。

东莞水濂山森林公园

中文名称	东莞水濂山森林公园
英文名称	Guangdong Shuilian Mountain Forest Park
地理位置	广东省东莞市区南部近郊，距市中心约 7km
占地面积	635 hm^2
气候类型	亚热带季风气候
植被类型	亚热带常绿阔叶林
森林覆盖率	约 93%
管理单位	水濂山森林公园管理处
公园级别	市级
著名景点	水濂洞天、水濂飞瀑、蝴蝶谷

1. 位置

水濂山森林公园总规划面积635hm²，位于东莞市城区南部近郊，包括南城区、东城区、大岭山镇、厚街镇、市植物园和水濂山水库等镇区和单位的部分林地。

2. 气候

水濂山森林公园属于季风湿润气候区，年平均年温度约26℃。气温适宜，光照充足，雨量丰沛，山林景色四季分明，早晚各异，晴暖雨雾，冬暖夏凉。

3. 地形地貌

丘陵台地。

4. 植物资源

园内种植了大量乔灌木，现有桉树、降香黄檀、樟树、木棉树、白玉兰、杨树、桃树、枫树、紫薇、莞香、杜鹃花、桃树、乐昌含笑等植物，还发现有珍稀植物禾雀花。禾雀花的学名为白花油麻藤，属于蝶形花科，是国家Ⅱ级保护植物，一般要30年左右才会开花，花期30天，初开时为翡翠绿色，盛开时为柠檬黄色，花瓣撕裂后流出红色的液汁，如受伤流血一般，因此被称为植物界的奇珍异品。

5. 主要景点

（1）水濂洞天

彭峒水濂，是明代东莞八景之一。山上有泉，水清冽味甘；有古峒山寺，规模

宏大，遗址保留完好。历史文化底蕴深厚，有宋代古庙遗址、明代古庙、东江纵队的宿营地。昔日彭公在此修道，文人墨客留下了许多赞美诗句，其中明代礼部左侍郎、厚街桥头人陈琏誉之为“城外小蓬莱”。山颠飞瀑悬泻十余丈，形如水帘，四时不绝。山涧多藤萝，横垂削壁。泉水绕庙后左侧，注入芙蓉涧。飞瀑流泉，淙淙峥峥，音如琴声。山上林木阴翳，花草茂盛，松响助凉。

（2）水濂飞瀑

水濂飞瀑，位于市中心以南 8km 处的水濂山森林公园。

（3）蝴蝶谷

蝴蝶谷景点位于水濂山湖环湖路旁，其原址为 2 万多平方米的废旧石场。近年来，南城以建设文化旅游景区为目标，全面修复整治水濂山森林公园的废旧石场，进一步完善公园的景观工程和配套设施工程，水濂山蝴蝶谷就是其中一项重要的工程。

6. 娱乐设施

脚踏船。

7. 公共交通路线

公交 10 路、42 路、806 路、厚街 5 路、厚街 15 路均可直达公园。

东莞黄牛埔森林公园

中文名称	东莞黄牛埔森林公园
英文名称	Guangdong Huangniupu Forest Park
地理位置	广东省东莞市黄江镇南部，距镇政府驻地 6km
占地面积	856.9hm^2
气候类型	南亚热带海洋性季风气候区
植被类型	半自然状态的常绿阔叶林
森林覆盖率	95%
管理单位	黄江镇森林公园建设领导小组办公室
公园级别	市级
著名景点	金牛烟雨、湖光山色

1. 位置

黄牛埔森林公园地理坐标为东经 113°58′46″~114°01′21″，北纬 22°50′28″~22°52′21″ 位于广东省东莞市黄江镇南部，距镇政府驻地 6km，距离广州市 86km，距东莞市区 36km，距离深圳市 30km，距离香港 75km。

2. 气候

黄牛埔森林公园地处北回归线以南，属南亚热带海洋性季风气候区。黄牛埔森林公园气候特点为冬暖夏凉、气候宜人、雨量充沛。公园内年平均气温在 21~22.2℃之间，1 月份（最冷）平均气温 13.4℃，7 月份（最热）平均气温 28.2℃，夏季长达 6~7 个月，山地林里温度要比市内一般低 2~3℃。年平均降水量为 1767.8mm，降水集中在 4~9 月，蒸发量为 1337 mm。年日照时数 2002 小时，平均湿度为 79%。春秋季以东风为主，夏季盛行吹东风，冬季以北风为主，每年 7~8 月为台风季节，年平均风速以 1.9m/s。霜日少，无霜期长，年平均无霜期达 338 天。

3. 地形地貌

东莞黄牛埔森林公园属于南岭罗浮山余脉，地形以丘陵为主，一般海拔 20~50m，东部的池牛塘顶海拔 201.7m，为公园最高峰；西部的刷地坑海拔 138.8m，为公园次高峰。

4. 植物资源

东莞市黄牛埔森林公园处于亚热带常绿阔叶林区域，东部（湿润）常绿阔叶林亚区域，南亚热带季风常绿阔叶林地带，珠江三角洲培植植被，蒲桃、黄桐林区，地带性植被为季风常绿阔叶林。

目前森林公园内的植物类型可分为常绿阔叶林、针阔叶混交林、沼泽植被、常绿阔叶灌丛、灌草丛、竹林以及果园型木本栽培植被 7 个植被型。公园内的主要植被为半自然的常绿阔叶林，林分受到山苍子、鸭脚木、山乌桕、降真香等乡土树种的侵入，呈现出向地带性植被常绿阔叶林的方向演替。

园内共有野生维管束植物 87 科 248 属 309 种，常见的野生维管束植物有：黄牛木、野漆树、盐肤木、山乌桕、多花野牡丹、山苍子、布渣叶、银柴、鸭脚木、降真香、桃金娘、杨桐、木碎花、三叉苦、芒、铺地黍、芒萁、粗毛鳞盖蕨等；此外，园内人工栽培植物有 47 科 96 属 125 种，大部分为园林绿化、观赏植物。

野生植物资源中有国家Ⅱ级重点保护植物樟树，还有东莞珍稀濒危植物木莲和柳叶石斑木。

5. 动物资源

经初步考察和资料查阅核实，公园内共有陆生野生动物 4 纲 15 目 32 科 51 种。常见野生动物以鸟类为主，如红耳鹎、白喉红臀鹎、斑文鸟、树麻雀、黄腹鹪莺、暗绿绣眼鸟、棕背伯劳等；常见两栖动物有黑眶蟾蜍、泽陆蛙等；常见爬行动物有变色树蜥、铜蜓蜥、鱼游蛇、中国水蛇等；兽类以小型啮齿类如黄毛鼠、褐家鼠等较为常见。

黄牛埔森林公园内有国家Ⅱ级重点保护野生动物褐翅鸦鹃和黄嘴角鸮，有广东省重点保护的野生动物沼水蛙、池鹭、夜鹭、黄胸鹀等 4 种。此外，被 CIETS 附录Ⅱ收录的物种有 2 种；被中国濒危动物红皮书收录的物种有 6 种；“三有”动物共计有 40 种；与其他国家之间候鸟保护协定保护的鸟类有 6 种。

6. 历史沿革

黄牛埔森林公园前身为黄牛埔林场。2000 年，黄牛埔森林公园被纳入东莞市规划建设的 16 个森林公园之一。公园面积为 856.9hm^2。

自2010年12月正式对外开放以来，黄牛埔森林公园成为了周边居民日常休闲活动的主要场所之一，同时也吸引了不少其他地区及深圳的游客前来游玩。在开放初期的半年时间里，约有4万人次入园休闲游憩。现公园内基本无人居住，仅寺庙零星居住着极少量居民，公园东南部有少量的工厂和仓库。

7. 主要景点

（1）金牛烟雨、湖光山色

在公园范围内，黄牛埔湖水体面积162.2hm^2，湖水清澈纯净，水天一色；湖岸绿道环绕，苍翠葱绿。黄牛埔湖山水交错，围合开放，幽狭阔朗，俯仰变化极其丰富，置身其中，湖光山色。湖滨岸线曲折蜿蜒，具有深湾、浅湾、长湾等诸多港湾，形态优美。黄牛埔湖湖水如镜，云雾如烟。雨过天晴之时，团团如絮，蓬蓬如海，瞬息万变。

（2）鹅山红叶、湿地沙洲

黄牛埔森林公园的飞鹅山上，连片分布着荔枝林。夏季时节，累累的红果挂在枝头，为游客提供了多样的休闲体验。

黄牛埔湖湖面形态优美，湖畔曲折蜿蜒，湿地滩涂，湖岸森林掩映，湖四周景点分布得当。

（3）池牛塘顶及其传说

池牛塘即现在的黄牛埔水库，在其东侧海拔 201.7m 的山也因此而得名，被称为“池牛塘顶”。

俗话说：“山不在高，有仙则名。”相传有一位玉皇大帝身边的仙人，一天因多喝了酒，迷糊间很快进入了梦乡。怎知她那心爱、灵气十足的坐骑“牛王”却乘主人熟睡之机，偷偷离开天宫而下凡人间。当途径巍峨山、飞鹅岭一带（后称为池牛塘）时，被此地的山清水秀、幽静、潭深和山花烂漫、绿草如茵的景色所吸引，于是降下祥云到池牛塘内悠悠自得地嬉起水来。直游到太阳西斜，此时方觉得肚子饿了，于是就上山吃那鲜嫩的青草。此时，正值傍晚时分，被放工的村民所见，有人说是天上派来的金牛，也有人说是水鹿。“牛王”见状怕泄露天机，于是就爬上附近的山顶（即现在的池牛塘顶），望着村民，朝着东方的天空飞驰而去。此事一传十，十传百，并很快就传遍了十里八乡，人们把这村庄称为了黄牛埔村。而当年的池牛塘就是现在的黄牛埔水库。登上池牛塘顶，极目连绵群山，俯瞰碧水如镜的黄牛埔水库、黄牛埔村、黄江镇等田园风光，顿感心旷神怡，令人期待“牛王”再度降临，给这里的人们带更加美好明天。

8. 地方特产

荔枝、龙眼等果实，龙眼干。

9. 餐饮设施

黄牛埔主入口驿站餐馆——绿林阁。

10. 购物设施

黄牛埔主入口特色小卖部——宝山特产。

11. 区内交通

园内环保观光车为敞开式设计，车轮较小，重心较低，车速较慢，一般运行时速为 20~30km，可以乘坐 17 人，不但能安全、舒适地到达各个景点，还可以尽情观赏沿途的风光。

12. 自驾游路线

（1）珠海：广澳高速公路——莞佛高速——莞深高速（G94）——黄江收费站——公常路——清龙路——黄牛埔森林公园。

（2）佛山：广州绕城高速——南二环高速——莞佛高速莞深高速（G94）——黄江收费站——公常路——清龙路——黄牛埔森林公园。

13. 公共交通路线

公交路线 2 路、82 路等公交车均有途径黄牛埔森林公园站。

14. 推荐行程

（1）黄牛埔湖环湖自行车线路：租赁或自带自行车——骑车沿黄牛埔湖环湖绿道观光、休闲、游憩——行程结束。

（2）金牛岭休闲漫步游览线路：租赁或自带自行车——登山口摆放好车辆——徒步攀爬至金牛岭峰登高望远——原路返回——行程结束。

二、粤东地区

广东新丰江国家森林公园

广东南澳海岛国家森林公园

广东大北山国家森林公园

广东雁鸣湖国家森林公园

广东镇山国家森林公园

广东南台山国家森林公园

广东神光山国家森林公园

广东红山森林公园

广东黄岐山森林公园

广东长潭森林公园

广东新丰江国家森林公园

中文名称	广东新丰江国家森林公园
英文名称	Guangdong Xinfeng River National Forest Park
地理位置	广东省河源市东源县新港镇
气候类型	南亚热带气候
占地面积	4479.47hm^2
森林覆盖率	95%
植被类型	亚热带常绿阔叶林
管理单位	广东省河源新丰江万绿湖风景区管理委员会
公园级别	国家级
著名景点	水月湾、龙凤岛、镜花岭、客家风情馆、镜花缘、万绿谷、桂山

1. 位置

新丰江国家森林公园位于北回归线北侧，广东省东部、河源市东源县境内，地处北纬 23°40'30"~24°46'30"、东经 114°30'33"~114°36'30" 之间。属南亚热带北缘。森林公园北部与万绿湖国家湿地公园比邻，南抵桂山林场，西抵东星村，东至新港镇，距市区仅 6km，距广州、深圳、香港均在 200km 以内。

2. 气候

森林公园地处北回归线北侧，受太平洋东南季风的影响，气候温暖，雨量充沛，属南亚热带气候的边缘，具有南亚热带向中亚热带过渡的性质。

光热能丰富，日照时间长，年平均日照数 2057 小时，不仅日照时间长，而且光强度大。热量丰富，年获太阳总辐射量 115~118kcal/cm^2。年平均温度 21.2℃，极端高温 40℃，最冷月（1 月）均温 12℃，极端低温 –3.8℃。冬季寒潮南侵时，有低温（0℃以下）霜冻现像，霜期约 20 天左右，年 10℃以上日均温积温 7138℃。无霜期长，光热能丰富，有利于植物生长。

雨量充沛，年均降水量 1915mm，降水主要集中于 4~9 月，占全年降水量的 80%，干湿季节分明。年均蒸发量 1679mm，明显小于降水量。年均相对湿度 77.3%。同时，由于森林公园位于水库库区，受广阔水域及其形成的特有的水域森林生态系统，气候温和，山坡、谷地较为湿润，植物常年生长，长势茂盛，利于动

物的栖息活动。

3．地形地貌

森林公园在南部出露的岩性主要为花岗岩类，在北部、西北部、东部以及南部边缘外围出露的主要为沉积岩类；出露的沉积岩主要为寒武纪、早奥陶世、中奥陶世、中泥盆世、晚泥盆世、早石炭世、晚三叠世、早侏罗世、晚侏罗世、早白垩世、晚白垩世等时代的地层。

在经历了早古生代的加里东运动、晚古生代的华力西运动、中生代的印支运动和燕山运动以及新生代的喜马拉雅运动等多次构造运动后，形成了森林公园的初步轮廓，而地面流水作用和风化剥蚀作用等外动力地质作用则对原来的山地进行了改造，促进了地貌的发育和发展，最终导致森林公园山地地貌的形成。而森林公园周边的湿地及其中岛屿则是由新丰江水库人工蓄水而形成。

森林公园地貌以低山丘陵为主，多为 500~1000m 低山，平均海拔为 400~600m，坡度 20°~35°，山脉呈东西走向。境内峰峦叠嶂，溪水纵横，形成许多狭窄谷地。

4．植物资源

森林公园植被属南亚热带向中亚热带过渡类型。植物资源丰富，共计有 156 科

431属785种。森林群落主要有马尾松纯林、阔叶混交林、针阔混交林、针叶混交林，以阔叶林为主。分布较广的树种属壳斗科、樟科、大戟科、楝科、漆树科、桃金娘科、松科、杉科、茶科、豆科、竹亚科等。较贵重的天然林种有红椎、苦椎、白黎、白稠、黄樟等。人工林以杉、松、桉、茶叶、油茶、柑橘、板栗、柿、油桐、竹为主。山地植被是以芒萁、大芒、桃金娘、金樱子、水杨梅、鸡血藤、蕨类、松什天然林为主的高草乔灌群落。植被生长茂盛，森林覆盖率95%。

5. 动物资源

新丰江森林公园内野生动物资源丰富，据统计，哺乳类动物有野猫、野猪、黄麂、七段狸、穿山甲、黄鼠狼、野兔、芒鼠、松鼠等。鸟类尤以中小型鸟类众多，如画眉、柳莺、噪鹛、喜鹊、鹩哥、伯劳等，其他的鸟类还有鹧鸪、雉鸡、鹰类、猫头鹰等。爬行类有龟、鳖、蟒蛇、眼镜蛇、金环蛇、水蛇、壁虎、蜥蜴等。两栖类有蟾蜍、青蛙、泥蛙、石蛤（石蛙）等。另外还有种类众多的野生的鱼虾类、蜘蛛类、昆虫类动物。

6. 人文资源

新丰江水库位于广东省东源县境内，距河源市区 6km。该水库作为华南地区最大的人工湖，是 1958 年筹建新丰江电厂时，在新丰江流径的最窄山口——亚婆山峡谷修筑拦河大坝蓄水形成的。为建新丰江水库，1958~1959 年共移民 94 311 人，砍伐木材 100 000m^3，果树 74 465 株，竹 200 多万株。1959 年，新丰江水电站工程开始蓄水。1960 年 8 月，新丰江水电站第一台机组发电。1990 年新丰江对外开放旅游。1993 年 5 月 8 日，经原林业部批准，建立“新丰江国家森林公园”。1994 年，为了加块新丰江库区旅游业发展，新丰江水库的旅游名称定为“万绿湖”，沿用至今。

7. 主要景点

（1）镜花缘旅游

镜花缘旅游区位于华南最大水库——国家 AAAA 级风景区——河源万绿湖码头处。在清代李汝珍所著《镜花缘》讲述的百花仙子被贬凡间的故事中，河源是百花仙子降生之地，而镜花缘景区优美的自然风光恰恰与书中描写的景致有许多不谋而合之处，于是景区取名“镜花缘”，融情入景，再现“百花仙子之故乡，镜花水月之梦境”，向游人展现出一个如真似幻、美景如画的世外桃源景象。

镜花缘景区依托万绿湖奇秀的自然风光和丰富的动植物资源，重点突出自然生态、园林、森林、奇石异洞等景观，以《镜花缘》中描述的仙境美景、奇闻趣事为主线，设置了百花广场、百花路、绿香亭、入梦岩、凝翠谷、红颜洞、泣红亭、女儿国、高空飞降等景点和项目，是一个融观光旅游、湖滨度假、森林度假、康体旅游、会议旅游、专项特色刺激型旅游产品为一体的综合性旅游区。

（2）镜花岭

镜花岭是依《镜花缘》所描写的景致而开发的景点，以自然景观为主，是湖泊景观与森林景观的和谐统一。

这里青松苍萃，绿阴满山，山路奇趣，景致各异，正如书中所说："穿过松林，再四处一望，真是水秀清山，无穷美景"。游客在这里能感受到孝女唐小山、阴若花在镜花岭寻父的难忘经历。

镜花岭现有八景：三潭映绿、双龟出海、半山歌亭、拥绿仙榻、绿湖夕照、万绿秀色、鳄鱼弄波、飞来蟠桃，皆让旅游者能从不同的角度欣赏万绿湖美景，是观湖、赏湖的理想场所。每当夕阳西下，"天际霞光入水中，水中天际一时红，直须日观三更后，首送金乌上碧空"。

（3）龙凤岛

龙凤岛位于万绿湖中心地带，是国家森林公园范围内的一个植物园，因此岛生

得奇巧，看上去东部像一条龙、西部像一只凤，犹如龙飞凤舞，故因游龙戏凤之形态而得名。龙凤岛植物园林木青青，奇树颇多。有植物 510 种，花类 90 多种。

（4）水月湾

水月湾是万绿湖的一个水上娱乐中心，依《镜花缘》里的“镜花水月之梦境”而设，是人们夏季休闲、进行水上娱乐运动的理想场所。这里有多种水上娱乐项目，如沙滩泳场、垂钓、水上单车、渔家竹排等，其中沙滩泳场可容上百人游泳。万绿湖水清澈、纯净而又凉爽，湖水浴能使游客身心倍感清爽，领略激情、闲情、柔情，体验万绿湖水之美。

（5）送水观音

在最宽阔的湖面，观音山独守其上，四周为万顷碧波所环绕，山上绿树成荫，簇拥着一座 13.8m 高的洁白观音塑像，世间皆称观音为“送子观音”，唯独万绿湖的这座观音名曰“送水观音”。这源于新丰江的一个美丽的传说，过去观音把水送

给客家人，今天客家人把水送给深港人。因而，送水观音象征着客家人的奉献精神和他们与深圳、香港人的“同饮一江水”的情结。

（6）三里长峡

该景点紧挨湖内中心地带的墟镇锡场，因两山夹峙，长谷盈水而显得特别幽静、碧透，身处其境，分不出是峡因水而幽，还是水因峡而碧。峡口左边有一石似猛虎长啸，但声音源头却是右前面百尺飞流而下的喧哗。无意与这一水柱争高低的是不远处点点滴滴的石缝清泉，时时在引诱游客。再站在隐居乌龟的背上，阵阵幽谷凉风迎面而来。因为峡中有山鹰展翅，所以这只乌龟隐居石中，提防老鹰叼它。不过

它也有一丝安慰，因为天天见证右前方两块从猿到人的“活化石”，自己似乎也算得一位历史老人了。再往前走，豁然开朗，别有“绿”天，峡无尽头，云无尽头，绿亦无尽头……稍为留心，此峡至少也有八景，处处景致，处处幽美，无一处不令人流连忘返。

8. 地方特产

五指毛桃、飞天禽罗、鸡骨草、白花牛奶根、酸萝卜、万绿湖鱼丸、万绿湖鱼干、板栗。

9. 餐饮设施

新港客家风情小镇饮食一条街。

10. 住宿设施

万绿湖东方国际酒店、万绿谷百子围酒店、镜花缘海蜃楼。

11. 娱乐设施

水月湾水上娱乐中心、龙凤岛龙凤渔村、桂山漂流、桂山玻璃吊桥、万绿谷空中飘流。

12. 自驾游路线

（1）广州市——河源市（全程约185km）行程：北环高速——广深高速公路——北二环高速公

路——广惠高速公路——惠河高速公路——河源市城北出口——万绿湖大道——万绿湖风景区。全程约 2 小时。

（2）深圳市——河源市（全程约 178.9km）行程：机荷高速公路——惠盐高速公路——惠河高速公路——河源市城北出口——万绿湖大道——万绿湖风景区。全程 3 小时。

（3）东莞市——河源市（全程约 180km）行程：广深高速公路——广惠高速公路——惠河高速公路——河源市城北出口——万绿湖大道——万绿湖风景区。全程约 3 小时。

（4）惠州市——河源市（全程约 100km）行程：惠河高速公路——河源市城北出口——万绿湖大道——万绿湖风景区。全程约 1 小时。

（5）中山市——河源市（全程约 243km）行程：中山城区入口广澳高速——东佛高速——潮莞高速——长深高速（惠河高速）——河源市城北出口——万绿湖大道——万绿湖风景区。全程约 3 小时。

（6）珠海市——河源市（全程约 278.1km）行程：港湾大道——广澳高速——东佛高速——潮莞高速——长深高速（惠河高速）——河源市城北出口——万绿湖大道——万绿湖风景区。全程约 4 小时。

（7）汕头市——河源市（全程约 294.1km）行程：汕昆高速——长深高速公路——河源市城北出口——万绿湖大道——万绿湖风景区。全程约 4 小时。

（8）厦门市——河源市（全程约 534.5km）行程：厦漳高速公路——漳龙高速公路——龙长高速公路——上跤高速公路——长深高速公路——梅河高速公路——河源市城北出口——万绿湖大道——万绿湖风景区。全程约 7 小时。

（9）赣州市——河源市（全程约 275.2km）行程：赣州绕城高速公路——赣定高速公路——龙河高速公路（粤赣高速）——河源市城北出口——万绿湖大道——万绿湖风景区。全程约 4 小时。

13．推荐行程

（1）热门线路：万绿湖——水月湾——镜花岭——龙凤岛——镜花缘——客家风情馆

（2）漂流线路：桂山——万绿谷。

广东南澳海岛国家森林公园

中文名称	广东南澳海岛国家森林公园
英文名称	Guangdong Nan'ao Island National Forest Park
地理位置	广东省东部汕头市南澳县境内
占地面积	1373.33hm^2
气候类型	南亚热带海洋性气候
植被类型	常绿落叶阔叶混交林
森林覆盖率	92.3%
管理单位	南澳海岛国家森林公园管理委员会
公园级别	国家级
著名景点	龟埕公园、大尖山、九尖山

1．位置

南澳海岛国家森林公园地处南澳岛西部。

2．气候

公园所处南亚热带海洋性气候，气温温和，夏凉冬暖，年均气温 21.5℃，1 月平均气温 14℃，7 月平均气温 27.4℃。

3．地形地貌

地势中部高，四周渐低，三面倾斜至海面，主峰大尖山（高山崈）海拔 588.1m，是汕头最高峰。丘陵山地相对高度在 200~250m 之间。土壤类型主要是：赤红壤、耕型赤红壤、水稻土、海滨沙土，低山丘陵自然土壤基本上由花岗岩、花岗斑岩、凝灰质流纹斑岩风化发育而成。

4．植物资源

公园内有 1440 多种热带、亚热带植物，属 102 科。园内乔木人工林主要以台湾相思、马尾松纯林或混交林为主，还有桉树、日本黑松、木麻黄、大叶相思、苦楝、麻楝、油茶、樟树等；次生林灌木以桃金娘科、竹科、楝科、蔷薇科、无患子科、茶科、芸香科、漆树科等木本植物为主，草本则以禾本科、蕨类等为主。

野生盆景花资源主要有细叶葡萄、榆树、九里香、黄柏、睡香、竹柏、蕨类、薯投榕树、枫树等；人工种植较名贵的有石榴花、白石榴花、夜来香、玉兰、七寸猕猴桃、粉红玫瑰等。栽培果树有 20 科、29 属、42 种，品种共有 88 个，其中稀有品种 4 个、优良品种 9 个，主要品种有石榴、橘红、包冬梨、柑橘、香蕉、三华李、龙眼、荔枝、番石榴等。

5. 动物资源

公园有动物 30 多类，有禽蛇、金钱龟、穿山甲、猫头鹰等珍贵动物。鸟类有 130 种，主要有海燕、黑枕黄鹂、戴胜、白鹭、军舰鸟等。

6. 古代人文

（1）大潭石刻

该石刻在公园大潭的东侧，方向 40°，高 2m，阔 2m，距离地面 1m。落款为“乙未政和五年”（公元 1115 年）。

（2）风州望夫

在公园的西部有一个风屿岛。传说南宋时期，陈壁娘送夫（礼部侍郎陆秀夫）上征程至风屿岛，挥泪而别，成为古今传颂的辞郎州。现今风屿岛上有一块高约 2m 的巨石，形貌宛似一个站立着的“妇人”，遥望南海，盼郎回归。

7. 现代人文

（1）长山尾炮台遗址

位于长山尾南边的山坡上，是清朝为加强澳西半岛海岸的防守，于康熙五十五年（公元1916年）建造。原分上下两座，现仅存上座遗址，有石砌墙门，两侧墙崩，炮位仍可见。

（2）抗日英烈墓及石摩刻

在龟埕，现有 3 座烈士墓，为纪念 1938 年 7 月海岛抗日英烈而建。英烈们孤军作战，威震中外，后来被世人誉为“南澳抗战精神”“广东精神”。在附近的大石上有“精忠卫国”“孤岛血战，浩气长存”的摩刻。

8．主要景点

大尖山景区、摩崖书法石刻园、龟埕景区、牵莱园、抗战纪念馆、田仔景观。

9．交通路线

汕头——南澳岛汕头市区——莱芜码头——过轮渡（约 1 小时一班，行程 15~30 分钟）——长山尾码头往右转（沿海公路）——南澳县城——青澳湾（全程需 1~1.5 小时）。

广东大北山国家森林公园

中文名称	广东大北山国家森林公园
英文名称	Guangdong Dabei Mountain National Forest Park
地理位置	广东省揭阳市揭西县东北部
占地面积	3067.2hm^2
气候类型	南亚热带季风气候
植被类型	南亚热带季风常绿阔叶林
森林覆盖率	85% 以上
管理单位	广东大北山国家森林公园管理处
公园级别	国家级
著名景点	革命旧址红军寮、大北山红军纪念馆、知青楼、天子壁、娘娘宫、十八湾瀑布、龙潭崆瀑布、九县崇

1. 位置

位于北回归线北部边缘，揭西县城东北部。

2. 气候

属南亚热带季风气候区，年平均气温18~20℃，冬无严寒，夏无酷暑。年降水量240~2800mm，雨季多集中在4~9月，春、秋季节较长。生态环境质量优良，经测定，空气负氧离子含量在每立方米1000~9520个，对人体健康非常有益；噪声在35.2dB以下，优于国家森林公园噪声40dB的建设标准。

3. 地形地貌

大北山森林公园地质古老，属莲花山余脉，园区内70多座山峰连绵起伏，其中最高峰笨箕石海拔1100m。

4. 植物资源

园区内植物景观资源十分丰富，园内常见植物148科700多种，其中福建柏（国家Ⅱ级保护植物）林约70hm^2、大头茶（黄牛檀）林1933hm^2、原始自然林1149hm^2、毛竹林67hm^2。

园内生物资源景观丰富多样，包括：福建柏林、杉木林、茶林、针阔混交林、毛竹林、南亚热带常绿阔叶林、山顶灌丛矮林草甸等 7 类森林景观。

5. 动物资源

园内野生动物种类繁多，哺乳类、鸟类、爬行类野生动物资源丰富，其中有穿山甲、大灵猫、蟒蛇等珍贵物种。

6. 人文资源

（1）红色资源丰富。大北山森林公园所在的南山镇属大革命时期的革命老苏区，早在 1931 年就建立了苏维埃政权，古大存等中国共产党人曾在此一带进行过革命活动。现存革命旧址有红军寮、1947 年潮汕人民抗征队后方医院、司令部等，1948 年揭阳行政委员会也设在附近。新中国建立后，南山镇被评为红色游击区。

（2）民间故事动人。据传说，大北山森林公园贼营岽景区是古代江洋大盗的大本营。此外，公园内的称沟潭、龙潭崆、笨箕石和瓢河寨、天子壁等地，流传着宋朝一位皇帝逃亡岭南的故事。

（3）文化底蕴深厚。大北山森林公园内的娘娘宫历史悠久，是当地人信仰的神庙。另外，当地民风淳朴，山村古朴自然，民间艺术丰富多彩。

7. 主要景点

革命旧址红军寮、大北山红军纪念馆、知青楼、天子壁、娘娘宫、十八湾瀑布、龙潭崆瀑布、九县崠。

8. 地方特产

大北山野生茶、野生蜂蜜、北山苦笋。

9. 餐饮设施

北山酒楼、知青楼农家菜馆。

10. 住宿设施

大北山森林公园京明度假村。

11. 娱乐设施

棋牌室、健身房。

12. 自驾游路线

（1）广州出发：华南快速干线——广河高速——汕湛高速灰寨出口——335省道。

（2）深圳出发：沈海高速——广惠高速——甬莞高速灰寨出口——335 省道

13. 推荐行程

天然氧吧、黄满寨瀑布群 2 天游。

第一天：广州 / 深圳出发——到达揭西县大北山国家森林公园（车程约 3 小时）——在大北山森林公园京明度假村酒楼用午餐，品尝水库鱼等特色菜——下午参观森林公园内的国家Ⅱ级保护植物福建柏松林、云雾缭绕的高山茶园、以及有着光荣革命传统的归善村及村里的娘娘宫（游览时间约 2 小时）——晚餐前可参观大北山革命历史纪念馆、知青楼重温当年知识青年下乡的生活——在知青楼农家菜馆享用具有客家特色的晚餐——晚上入住大北山森林公园京明度假村（可预订篝火晚会）。

第二天：早起可前往日出台看日出，然后回酒店用早餐——前往享有“岭南第一瀑”的黄满寨瀑布群沿着清澈见底的小河，在青山秀水的山间小路拾阶而上，可参观腰鼓石、雷劈石、三叠谷瀑布、落九天瀑布、飞虹瀑布等，会让你为大自然的鬼斧神工惊叹不已！（游览时间约 2 小时）——午餐可以体验粗坑农家风味餐，饭后可以参观客家民俗展览馆（约 30 分钟）。馆内陈列着客家农耕生活用具，能让你体验浓郁的客家民俗文化特色和丰富的客属农家生活元素——回程。

广东雁鸣湖国家森林公园

中文名称	广东雁鸣湖国家森林公园
英文名称	Guangdong Yanming Lake National Forest Park
地理位置	广东省梅州市西北部梅县雁洋镇南福村
占地面积	923hm^2
气候类型	亚热带季风性气候
植被类型	亚热带季风性常绿阔叶林
森林覆盖率	87.9 %
管理单位	广东华银集团有限公司
公园级别	国家级
著名景点	凤凰阁、滑草场、鸿运当头、空中飞人

 1. 位置

位于梅州市梅县区雁洋镇南福村，距梅州城区 33km，距梅龙高速丙村出口方向 16km。地理坐标为东经 116°20'32"~116°23'20"，北纬 24°25'37"~24°27'52"。

2. 气候

地处北回归线附近，属亚热带季风性气候。气候温和，光照充足，热量丰富，雨量充沛。年平均气温 21.2℃，极端最高气温 39.5℃（1971 年），极端最低气温 –7.3℃（1955 年）。年平均降水量 1472.9mm。夏季日照多，春季日照少。一年内最多日照时数集中在 7 月，最少日照时数在 2 月。年平均相对湿度 78%。

3. 地形地貌

森林公园位于莲花山系阴那山山脉西北麓的丘陵地带，地质构造属于华夏系及华夏式构造与隆文新华夏系构造交接地带，属中国东南华夏古陆的一部分。地层年代久远，距今约 1.35 亿 ~2.3 亿年。整个公园以丘陵为主，海拔均在 500m 以下，最高处为东南部鹞子石，海拔 469.1m，最低处为西北部的三叉坑，海拔 75.2m。

 4. 植物资源

森林公园的乡土植物资源主要集中在西北部山地，据初步调查，维管束植物有

184 科 498 属 856 种，裸子植物 8 科 12 种，双子叶植物 126 科 634 种，单子叶植物 26 科 160 种。其中野生植物 581 种，栽培植物 273 种。自然分布有国家 II 级保护植物金毛狗、苏铁蕨等；人工栽培有国家 I 级保护植物苏铁、银杏，II 级保护植物香樟、杜仲等。

森林生物景观资源丰富多样，分布有大面积的常绿针叶林、常绿针阔叶混交林、常绿阔叶林、桉树林和经济林等。

5．动物资源

森林公园内野生陆栖动物集中分布在西北部山地。兽类主要有野猪、狐狸、野兔、豪猪、黄鼠狼、松鼠等；鸟类主要有山鹊、斑鸠、画眉、杜鹃、鹧鸪、啄木鸟等；两栖爬行类主要有青蛙、穿山甲、金环蛇、银环蛇等。

6. 人文资源

森林公园内有一道南庵，始建于200多年前，后经过修正改建而成。相传原来破旧的道南庵住着母子俩，母子俩勤劳善良，乐善好施，过着艰辛而又乐和的生活。上天仙女受其感动，下凡化成座像与其相伴普渡众生。小阁里有尊清朝传下的佛像。庵外有棵从外地移栽过来的菩提树，相传释迦牟尼坐菩提树下开悟成道，所以也叫道树或觉树。

7. 主要景点

凤凰阁、三棵树、溢香坊、湖心岛、高尔夫球场、滑草场、鸿运当头、空中飞人。

8. 地方特产

金柚、蜜柚、杨梅、阴那山绿茶、金锣春茶等。

9. 餐饮设施

银湖酒店、银湖食坊。

10. 住宿设施

银湖宾馆。

11. 娱乐设施

空中飞人、滑草、铁索桥、游船、水上高尔夫、户外高尔夫、旋转木马、碰碰车、户外自行车。

12. 自驾游路线

（1）梅州城区——省道 S223 线——雁洋镇南福村——雁鸣湖旅游度假村。

（2）梅龙高速丙村出口——省道 S223 线——雁洋镇南福村——雁鸣湖旅游度假村。

13. 推荐行程

（1）叶剑英元帅纪念馆——雁鸣湖旅游度假村——灵光寺旅游景区。

（2）叶剑英元帅纪念馆——雁鸣湖旅游度假村——阴那山五指峰景区。

（3）叶剑英元帅纪念馆——雁鸣湖旅游度假村——雁南飞旅游度假村——桥溪古韵。

广东镇山国家森林公园

中文名称	广东镇山国家森林公园
英文名称	Guangdong Zhenshan National Forest Park
地理位置	广东省东北部梅州市境内
地理区域	武夷山余脉南段
占地面积	2177.37hm^2
气候类型	亚热带海洋性季风气候区
植被类型	中亚热带常绿阔叶林
森林覆盖率	95.86%
管理单位	广东镇山国家森林公园管理处
公园级别	国家级
著名景点	桂岭书院、革命烈士纪念碑、兴化寺、千松庵、丘逢甲陈列室、丘逢甲纪念亭、纪念碑、谢晋元纪念亭、明月古道、古树科普园

1. 位置

公园位于广东省的东北部，地处闽粤赣三省交汇处，紧靠蕉岭县城，东邻蕉北公路，西连石窟河，南靠蕉岭城，北接皇佑笔自然保护区，距梅州市 46km，至广州市 480km。蕉北公路、天汕高速公路、205 国道、石窟河、西环公路将公园环绕其中，水陆交通方便，地理位置优越。

2. 气候

公园位于北回归线以北，属亚热带海洋性季风气候区。年平均气温 20.9℃，1 月份最冷，平均气温 11.6℃，最低气温 –2.4℃，常出现寒潮、低温、霜冻天气。7 月份最热，平均气温 28.3℃，最高气温 38.4℃。无霜期长达 350 天，霜期一般出现在 12 月至次年 2 月上旬。年平均太阳辐射总量为 113.8kcal/cm^2，有明显季节变化。年平均日照时数为 1886.6 小时。年平均相对湿度 77%。雨量充沛，常年降水量为 1400~1800mm，年平均降水量 1658.8mm，4~9 月为雨季。历史上出现过轻度地震和下雪。

3. 地形地貌

公园的地质构造属于华夏陆台中部，即南岭地槽的东南边缘，由一系列隆起带、凹陷带、断裂带和部分褶皱组成。

公园的山地属武夷山脉余脉的延伸，地形属石窟河谷平原的丘陵区，地势为东北—西南走向，坡度一般在 25°~30° 之间。公园范围海拔 1000m 以上的山峰有 1 处，为最高峰的樟坑崇，位于公园东北角，海拔为 1022.1m。其余为海拔 100~1000m 的丘陵山地。山体坡度多在 35°~40° 之间，东片樟坑崇及溪丰河等地段坡度在 45° 以上，山形险峻陡峭。

4. 植物资源

根据最新的调查数据，森林公园现有维管植物 211 科 574 属 1055 种，其中蕨类植物 31 科 53 属 84 种，裸子植物 6 科 8 属 9 种，被子植物 174 科 531 属 962 种，约占广东省已查明野生维管束植物总数 7055 种的 15％。

其中经济价值较高的用材树种有观光木、樟树、红锥等；珍贵的药用植物有金不换、黄花倒水莲、荷莲豆和紫背天葵等；油脂植物有山乌桕、乌桕、香叶树、多花山竹子、马尾松和湿地松等；芳香植物有山苍子、香叶树、黄樟和樟树等；纤维植物有小叶买麻藤、了哥王、山鸡血藤、山葛藤和野葛等；淀粉植物有金毛狗、米锥、烟斗石栎、土茯苓等；鞣料植物有桃金娘、亮叶猴耳环、山杜英等；野果类植物有棠梨、罗浮柿、南酸枣、桃金娘等。

属国家Ⅰ级重点保护植物有桫椤、南方红豆杉、珙桐3种，国家Ⅱ级重点保护植物有金毛狗、苏铁蕨、樟树、半枫荷、紫荆木、闽楠、观光木、土沉香8种。

5. 动物资源

公园内的野生动物兽类主要有野猪、豺、穿山甲等；鸟类主要有雉鸡、原鸡、鹧鸪、珠颈斑鸠、山斑鸠、斑啄木鸟、草鸮和白鹇等；爬行类主要有乌龟、蟒蛇、金环蛇、银环蛇、眼镜蛇等；两栖类有虎纹蛙和棘胸蛙等。

6. 主要景点

（1）桂岭书院

建于清康熙年间，至今已有323年历史。书院建筑面积1100多m^2，由前、中、后3部分组成，主体3层为砖木结构宫殿式楼宇，坐落在公园西片区南麓。1904

年3月，丘逢甲“以内忧外患日急，益积极兴学”，主张以教育从头整顿旧河山，便在县城桂岭书院创办了镇平初级师范传习所，以此来培养闽粤赣边区小学教师。院内有丘逢甲遗物、手迹及有关文献资料陈列。现为县级文物保护单位。

（2）革命烈士纪念碑

革命烈士纪念碑位于镇山之巅，碑高19.495m，直径39.8m，寓意蕉岭县于1949年5月解放，为梅州市目前最大的纪念碑。正面刻有“革命烈士纪念碑”之字，背面为“革命烈士永垂不朽”8个大字。碑身基部镶嵌两块大理石，镌刻着辛亥革命、大革命和解放战争时期牺牲的120多位烈士英名；英名前台阶下长眠着部分烈士灵骨。纪念碑周围林木葱茏，繁花簇簇，环境幽静肃穆。革命烈士纪念碑始建于1956年，位于原蕉岭县体育场西面，占地3690m^2，以台阶式共3级组成，原碑高9.6m，宽5m。1958年2月，被列为蕉岭县文物保护单位。1999年1月移于革命烈士纪念碑新址。

（3）兴化寺

该寺位于公园东片横岗村，是2006年在原水仙庵原址上重建的一座气势雄伟、规模浩大、建制完善的佛寺。该寺由金刚殿和大雄宝殿两部分主体建筑构成，两边是斋房和佛堂，占地约20 000m^2。寺院为阶梯式中轴线对称平面布局，是广东省第一座开放式清净庄严的尼众持戒念佛之净宗丛林道场，也是梅州乃至粤东地区发扬禅宗文化的宗教圣地。寺院共有比丘尼46人，均是高中以上学历，还有不少是佛学院大专或本科毕业生，住持为梅州市政协委员。兴化寺由始建于南朝的全国重点寺庙南华寺无尽庵老当家信德法师负责募款，集社会之财而建。由南华寺派寺院住持，目前是蕉岭县最大的佛寺之一。

（4）千松庵

千松庵又名“吉兆庵”，坐落在公园西片千松岗的半山腰上。坐东向西，建于1753年。平面为二进院落四合院式布局，主体建筑为硬山顶、抬梁与穿斗式梁架结构。建筑面积360m^2。大门书“千松庵”3字，对联是“千叶万花成福果，松风水月比清华”。庵内供奉南海观音像，现有修行尼姑居住。门前有一株200多年的古树——大叶榕。千松庵曾一度被毁，1988年重建，厅堂增加泥塑佛像多尊。

（5）丘逢甲陈列室、丘逢甲纪念亭、纪念碑

陈列室为钢筋水泥结构的天坛式圆形建筑，新颖别致，庄重美观，占地面积580m^{2}以上，陈列室高7m，建筑面积380m^{2}以上，于1984年9月建成开放。陈列室分三部分：第一部分主要展示丘逢甲生平事迹组画；第二部分展示丘逢甲诗稿、

手迹、著述和遗物，有丘逢甲当年组织义军抗击日本割让台湾斗争中的信稿等；第三部分主要展出我国党政领导视察和参加丘逢甲纪念活动的照片、题写诗对的中堂以及学术界、文艺界、专家学者等知名人士为纪念丘逢甲诞辰 120 周年及广东省丘逢甲学术研讨会而创造的诗、书、画作品。1985 年 2 月，被列为蕉岭县文物保护单位。1995 年被列为梅州市和广东省爱国主义教育基地。

丘逢甲纪念亭位于陈列室的北面，采用斗拱飞檐，风格古朴而清新。纪念亭占地 320m^2 以上，亭分为 3 层，高约 16m，于 1983 年 7 月建成，用以纪念丘逢甲先生矢志不渝的民族气节和爱国主义的精神。纪念碑，用大理石镌刻，竖立在纪念亭的二楼。亭外，端放着丘逢甲的全身雕塑。丘逢甲纪念亭和纪念碑于 1995 年被列为梅州市和广东省爱国主义教育基地。

（6）谢晋元纪念亭

1985 年，县人民政府为纪念抗日英雄谢晋元而建，次年 4 月落成。纪念亭为 3 层塔式建筑，高 14m。正门两侧镌刻着“雄魂长依天南北，声名远震海西东”的对联。底层陈列谢晋元生平事迹和照片，正中镶嵌着用大理石镌刻的纪念亭碑志，高度评价谢晋元的抗日功绩和爱国主义精神。二层有谢晋元将军在上海抗击日寇的组

图。顶层四周有谢晋元生平事迹组图。登楼远眺，蕉城风貌尽收眼底。

（7）明月古道

位于公园东片区西南——东北山脊一带，在公园境内有 4.8km。相传，因路途遥远，商人们往往趁月赶路，故而得名。据考证，从蕉岭有人类活动开始就有了通往福建的这条驿道，那么，应该是西晋末年，战乱时期，部分中原人向南迁移动达蕉岭、潮州等地的必经之路，距今有1600年历史。直到明崇祯年间，明月古道成为“粤盐、赣米、闽茶”之重要栈道，食盐、粮食、茶叶、等商品在蕉岭县（旧称“镇平县”）中转。此道上通福建武平、上杭，横接江西寻乌、赣州等地，下至赣州、汕头，在蕉岭县境内长约 120km。“粤省腹地，山脉绵亘，道里崎岖，鸟道盘纤，养肠道迫隘，陆行百里，动须旬日”这就是梅州古代陆路交通艰难的真实写照。古道约 1.0m 宽，路面整齐地铺着花岗石碎石，道旁是繁茂的阔叶林，两侧山崖树木葱茏，层峦叠翠。从古道遗留的“万安亭”“新茶亭”等地名来看，是过去人们驻足休息的驿站。

（8）儿童乐园

位于公园的西南面，占地面积 6000m^2 以上，为金叶发展公司投资 400 多万元兴建的乐园。乐园建筑风格独特，既有古典园林式游戏场，又有现代西式造型格局。

乐园内有多种供儿童玩耍的游戏设施。

（9）镇山亭

位于千松庵的东面，海拔 90.2m 的山顶处，三层亭，六角古典造型，占地面积约 $40m^2$。园亭古色古香，环境幽静，绿树成荫。

7. 地方特产

蕉岭县特产有沙田柚 、单丛茶 、香蕉 、梅菜干 、长潭河鲜、蕉岭肉丸、酿豆腐、黄坑绿茶、新铺花生、三圳烤烟和蕉岭大理石。蕉岭大理石，晶莹温润，似汉白玉，有半透明感；部分石料有天然云状花纹，呈山水云雾之状，绚丽多彩。蕉岭餐饮选材来自绿色食品，烹调菜肴讲究鲜、活、热，品种多样、味道独特，形成独具特色的客家风味，颇负盛名。

8. 餐饮设施

森林公园地处蕉岭县城，食宿方便。公园周边餐馆众多，有多种蕉岭风味小吃。其中“蕉岭三及第”入选为蕉岭非物质文化遗产。

9. 住宿设施

森林公园地处蕉岭县城，有星级酒店 3 家，宾馆 10 余家。集餐饮住宿于一体。

蕉岭迎宾馆，地址：广东省梅州市蕉岭县 X957(桃园东路)。

鸿华酒店，地址：蕉岭县桂岭大道中 289 路亭大厦。

华侨大厦，地址：蕉岭县溪峰路 24 号。

10. 购物设施

公园地处蕉岭县城，旅游购物点众多，有喜多超市、万佳超市、蕉岭县延源长寿食品实业有限公司、蕉岭黄坑茶门市、蕉岭县城南土特产门市等。

11. 自驾游路线

（1）广州：济广高速（G35）——长深高速（G25）——205 国道——广东镇山国家森林公园。

（2）白云国际机场：广州白云机场——梅州机场——205 国道——广东镇山国家森林公园。

（3）深圳、东莞：沈海高速（G15）——长深高速（G25）——205 国道——广东镇山国家森林公园。

（4）佛山：沈海高速（G15）——长深高速（G25）——205 国道——广东镇山国家森林公园。

12. 推荐行程

桂岭书院——革命烈士纪念碑——丘逢甲陈列室、丘逢甲纪念亭、纪念碑——谢晋元纪念亭——儿童乐园——镇山亭——千松庵——兴化寺——明月古道——古树科普园。

广东南台山国家森林公园

中文名称	广东南台山国家森林公园
英文名称	Guangdong NanTai Mountain National Forest Park
地理位置	广东省梅州市平远县西南部
占地面积	$2073.2hm^2$
气候类型	亚热带季风气候
植被类型	常绿阔叶型
管理单位	广东南台山森林公园管理处
公园级别	国家级
著名景点	南台卧佛、赤壁丹崖、寺隐青山 绿野丛林、鸳鸯故里、世外桃源

 1. 位置

广东南台山国家森林公园位于广东省东北部，距省会广州 420km，地理坐标为东经 115°49′01″~115°50′49″，北纬 24°31′30″~24°36′47″。

2. 气候

广东南台山国家森林公园地处南亚热带与中亚热带过渡的气候区，属亚热带季风气候。四季分明，春暖多变，夏热多雨，秋高气爽，冬冷少雨。森林公园年平均气温为 20.6℃，1 月份平均气温为 11.0℃，7 月份平均气温 28.5℃，极端最高气温 39.0℃，极端最低气温 -4.2℃；雨量充沛，年平均降水量 1630.4mm，主要集中在 4~9 月，约占全年总降水量的 79.2%；无霜期 311 天。

3. 地形地貌

广东南台山国家森林公园属武夷山系，为武夷山山脉南伸的余脉。森林公园范围内的主要断裂构造有四条：两条呈北西向、两条呈北东向，均为正断层，个别断层构成了森林公园的部分边界。森林公园以低山地貌为主，发育有低山丘陵和小型山间盆地及河谷地貌。园区最高海拔点南台石 643m，最低海拔点雷公陂 153m，相对高差 490m。森林公园以天然卧佛为主体，南北走向，海拔较高，地势较陡峻，四周切割较深，山谷多呈“V”型。“顶平、坡陡、麓缓”，是粤东典型的丹霞地貌分布区，并构成南台山森林公园旅游区的主体。山间盆地主要分布在嶂肚里一带，

地势相对较为平缓。河谷地貌主要分布在凤池河的中下游地区。

4. 植物资源

森林公园内的森林资源丰富，植被保存良好，以常绿阔叶林和针阔混交林为主。

森林植被具有多样性，主要有常绿阔叶林、竹林、温性针阔叶混交林、暖性针叶林、灌丛等 5 种植被型和若干群系。地带性植被为常绿阔叶林，由壳斗科、山茶科、樟科、金缕梅科等乔木种类组成，植被优势种为红锥、木荷、福建青冈、疏齿木荷、罗浮栲、藜蒴、甜锥、枫香等。

5. 动物资源

森林公园内有脊椎动物 241 种，隶属 5 纲 27 目 84 科。其中，鱼纲有 4 目 9 科 19 种；两栖纲有 2 目 7 科 28 种；爬行纲有 3 目 11 科 49 种；鸟纲有 11 目 39 科 99 种；哺乳纲有 7 目 18 科 46 种。含国家重点保护野生动物 19 种，其中，国家Ⅰ级重点保护物种为蟒蛇；国家Ⅱ级保护物种有穿山甲、豺、青鼬、斑林狸、大灵猫、小灵猫、金猫、鸳鸯、凤头蜂鹰、蛇雕、褐耳鹰、红隼、白鹇、褐翅鸦鹃、草鸮、雕鸮、虎纹蛙、山瑞鳖等 18 种。鸳鸯、白鹇的种群密度较大。平远县分布的鸳鸯种群是广东省记录的最大鸳鸯越冬种群。

6. 古代人文

程旼，广东古八贤之一，客家民系、语系奠基人及人文鼻祖。生于东晋年间，于公元 466 年率族人抵今平远县坝头官窝里定居。程旼重礼教、倡文明，开创了客属地区崇文重教之先河；其古朴求真、公平公正、秉怀信义、以德化人、和谐共济之美德，受到当时朝廷的重视。为弘扬其精神，将程旼生活的所在之乡命名为“程乡”。当地政府在广东南台山国家森林公园的东片区建立程旼纪念园，占地约 1200m^2，为南台山森林公园程旼纪念园景区的主要景点。

7. 主要景点

（1）南台卧佛

南台山以“南台卧佛”知名天下。南台山卧佛浑然天成，佛首、佛身、佛足分别由南台山、青云山、紫林山组成。在南台山东向和西向任意高度和任意角度观看，卧佛头、额、眼、鼻、唇、颈、胸、腰、腿、脚形态清晰逼真，惟妙惟肖。根据国内外已报道的 12 座天然大佛资料，居大者为海南保国农场“毛公山”天然卧佛，身长约 4000m、高 320m；居中者为四川乐山卧佛，长约 1300m；居小者天然卧佛为缅甸的“乔达基卧佛”，身长 75m、高 30m。而南台山卧佛身长约 5200m，身宽约 1000m，胸高 430m，“佛体”体积约 10 亿 m^3，总重量超过 20 亿 t。有学者通过考证后认为，南台山是“中国最大天然卧佛”。从南向北看，南台山双峰并峙，

犹如雄狮高踞，雄伟壮观。所以，南台山有“雄狮昂踞，卧佛观天”之说。晚观南台，落阳、佛光、霞辉相伴，卧佛有如金塑佛身，霞光万道，神奇莫测。南台山以“狮踞佛卧，佛光霞辉”景点最具特色。

（2）赤壁丹崖

在森林公园南台山卧佛景区和磐牙石丹霞地貌景区的部分区域，出露白垩系上统丹霞组地层，岩石类型为红色砂砾岩和红色砂岩，发育着典型的“赤壁丹崖”红层峰林丹霞地貌景观。林锦屏叠秀，树万木倚岩；陡崖奇石，银钱挂壁；山随人影动，人在画中游。合掌岩、佛首岩、葵花向日、飞鸟穿洞、老鼠偷食、汤匙石、耙齿坜、铁柱栓猴、狮子岩等景点，栩栩如生、美伦美奂。南台山“丹山绿树相映，险峻奇秀共辉”，成为广东三大丹霞地貌风景区。

（3）寺隐青山

南台山历为佛（福）地。在绿树掩映的悬崖峭壁，在云雾山峦，南台山方圆五里，隐藏有寺庙群：南台寺、吕帝庙、武仙殿、白云寺、青云寺、金粟寺、东霖寺 、西林寺、慈云庵等，香客遍及四方。在寺庙附近，有南台泉、聪明泉、福寿泉等点化山泉。南台僧人“参赞天地，化育古今”。曾有诗曰“清泉伴鼓咚咚响，时与禅人辩佛缘”；“东霖岩寺铁门开，八百里路出人才”。

8. 地方特产

（1）南台茶

南台山终年云雾环绕，得天独厚，自然环境使得种植的南台茶味清、香、甘、

凉口，内含丰富的氨基酸、维生素、生物碱及人体必须的微量元素，常饮能延年益寿，减肥健胃，提神醒脑，是老少妇孺皆宜的保健饮品。

（2）脐橙

平远脐橙是全省特色水果之一，2000 年被列为广东省人大“一乡一品”议案扶持发展项目，2003 年 11 月“金绿牌脐橙”作为平远脐橙注册商标，获得国家无公害农产品认证。平远脐橙鲜果外观着色深红、风味浓郁、果型优美、味甜化渣、耐贮性佳、单果重普遍在 300~400g、含可溶性固形物高等特点，先后在“第三届全国名优果品展销会”“深梅对口扶持成果暨梅州特色产品展销、经贸洽谈会”上广受好评。

（3）山茶油

平远油茶种植面积约有 6666.7hm^2，为广东省出产茶油大县，获得国家无公害农产品认证，是广东省内外食用油市场上的畅销品种，深受消费者喜爱。

（4）柿饼

平远柿饼具有悠久的历史。其具有三大特点：一是果大，核小且少，每个果重 150~200g；二是肉厚质软，色泽橙红，味似蜂蜜，久藏不硬；三是营养丰富，含有转化糖及游离酸、甘露醇及维生素 C 等，有润肺、止逆、降血压、消食健胃的药用功能。

（5）梅菜

平远梅菜选用新鲜嫩绿的芥菜，经传统工艺制作而成，芥菜种植过程种完全不施用任何农药和化学肥料，制作中不添加任何东西，是地地道道的绿色食品。平远梅菜清香鲜美、甜而不腻、营养丰富，利用梅菜制作的梅菜扣肉是客家名菜之一，成为世界各地客家人最喜欢、最难忘的客家菜之一。平远每年生产梅菜 300t 以上，远销至广州、深圳、香港等地。

（6）黄粄

平远黄粄是选用优质粳稻制作而成的风味小吃，色泽金黄，软而不腻，可炒可煮，味道鲜美。

9. 餐饮设施

广东南台山国家森林公园内有近 10 家农家乐饭店，石龙寨观佛景区现建有中心服务区，南台山卧佛景区的云泉寺及龙灯嘴已建有 2 处小型服务部。服务区和服务部提供餐饮服务。

10．住宿设施

广东南台山国家森林公园距离平远县县城较近，游客多住宿县城。目前县城住宿设施较为完善，建有多家三星级酒店，其中县政府迎宾馆是广东省旅游局定点旅游宾客接待单位。

森林公园景区内食宿设施比较完善的是五境山庄。

平远县县城有多家大型超市以及土特产商店，方便游客购物。

11．娱乐设施

平远县县城有影剧院、体育馆等娱乐场馆。

12．区内交通

南台山森林公园现有内部交通方式主要为步行和公路交通，道路为泥结碎石公路和硬底化水泥公路。公园内部交通条件较好。

南台山卧佛景区：从 S225 线——东台——上马村——云泉寺——合掌岩——苎麻神下——大佛寺，现有硬底化水泥公路 8km，水泥路面宽度 5m。南台山卧佛景区东部沿边界南药园——君子坳——歧寨坪有宽度 4.5~5.0m 硬底化水泥公路交通。沿北部边界有凤池公路通过。游览区内步道长度约 37 km。

程旼纪念园景区：现有 2 条公路可进入并在景区内形成交叉公路环线。程旼纪念园景区内步道系统完善，可通达全园景点，并与园内公路联系紧密。

石龙寨观佛景区：现有 3 条公路可进入并直接连接中心停车场。

磐牙石丹霞地貌景区：北部从 G206 线——仲石——枫树岗水泥公路衔接。

13．自驾游路线

（1）广州：广河高速——长深高速——济广高速——206 国道——南台山国家森林公园。

（2）深圳：沈海高速——长深高速——济广高速——206 国道——南台山国家森林公园。

（3）汕头：汕昆高速——梅龙高速——长深高速——济广高速——206 国道——南台山国家森林公园。

（4）厦门：厦蓉高速——上蛟高速——长深高速——古武高速——寻全高速——济广高速——206 国道——南台山国家森林公园。

14．推荐线路

（1）观光游览线：平远县城→程旼纪念园景区—石龙寨观佛景区—南台山卧佛景区—午餐—磐牙石丹霞地貌景区→大河背游船赏玩→行程结束。

（2）礼佛游览线：平远县城→石龙寨观佛景区（观佛廊、观佛亭、望佛阁、祭佛台）→大佛寺→南台山卧佛景区（南台寺、乐湖寺、吕帝庙、武仙殿、白云寺、螺洲洞、青云寺、金粟寺、东霖寺）→狮子岩→行程结束。

（3）探险游览线：平远县城→南台山卧佛景区→车行径→紫林山→障肚里→赤壁桡道→磐牙石顶峰 →大河背→行程结束。

广东神光山国家森林公园

中文名称	广东神光山国家森林公园
英文名称	Guangdong Shenguang Mountain National Forest Park
地理位置	广东省梅州市兴宁市境内
占地面积	674.6hm^2
气候类型	海洋性季风气候
植被类型	亚热带常绿阔叶林和针阔叶混交林
森林覆盖率	92%
管理单位	广东神光山国家森林公园管理委员会
公园级别	国家级
著名景点	神光寺、墨池寺、祖师殿、石古大王坛等

1. 地理位置

神光山国家森林公园位于广东省梅州市兴宁福兴街道办神光村，距兴宁市区3km，紧挨广梅汕铁路兴宁站和梅河高速兴宁西出口，是兴宁境内最主要的旅游景点，粤东地区著名的宗教文化旅游胜地。是一个以神光山自然景观为主，宗教文化为特色，集历史文化、客家文化和游览、登山健身、休闲娱乐为一体的城区型公园。

2. 气候条件

兴宁属南亚与中亚热带过渡气候，年平均气温20.4℃。常年最热月是7月，平均气温28.5℃，极端最高气温达38.3℃；常年最冷月是1月，平均气温11.4℃，极端最低气温–2.7~–6.4℃。年平均降水量1540.3mm。夏季降雨最多，占全年降水量的41.5%。年平均日照时数2009.8小时。风向比较稳定，以西北风为主，东南风次之。自然环境优越，无霜期长，光照充足，四季宜耕宜牧，具有发展农、林、牧、渔等各业的有利气候条件。全市315万亩土地，坡度在25°以下的宜垦土地占73%。兴宁位于莲花山脉北坡，为背风地带，降雨量相对偏少。据水文观测资料推算，境内各流域多年平均产水总量31.93亿m^3，年蒸发量15.85亿m^3，年平均径流量为13.48亿m^3，丰水年径流量19.81亿m^3，枯水年径流量7.96亿m^3，平均产水量在64.8万m^3/km^2，每亩平均432m^3，相当于梅州地区产水量（80.6万m^3/km^2）的80.4%。全市年平均气温21℃，降水量1540mm。

3. 地形地貌

兴宁处于粤东北山丘地带，受北东至南西走向的莲花山脉和罗浮山脉控制。最高峰阳天嶂海拔1017m，最低处水口圩镇海拔100m，高低差917m。地形地势总趋势是北西向南东逐渐下降，而南部则由南向北递降。南北狭长，北起阳天嶂，南至铁牛牯峰（海拔998m）直线距离100km；东西最宽处，径心分水坳（海拔400m）至叶南筠竹坳（海拔300m）直线距离36km。境内四周山岭绵亘，中部为300km^2以上的断陷盆地。整个市（县）境形似扁舟。地貌类型主要分为5类：平原、阶地、台地、丘陵、山地。其中，海拔200m以下的平原、阶地、台地等3类占总面积的38.1%；海拔200~400m的丘陵占49.69%；海拔400m以上的山地占12.21%。兴宁北部的罗浮镇属东江流域，镇内河溪均流入东江上游的渡田河。其余28个镇属韩江流域，镇内46条河溪水流入韩江上游的梅江。宁江（古称左别溪）贯穿兴宁南北，是流域面积最大的梅江支流，北起江西寻邬荷峰畲，南至水口圩汇合梅江，全

长 107km，从合水至水口主干河道长 57.5km，沿途接纳 32 条山溪小河，流域面积 1364.75km^2，占全市总面积的 65%。

4. 植物资源

公园规划总面积 674.6hm^2，森林覆盖率 92%，顶峰海拔 360m，天然森林植被以亚热带常绿阔叶林和针阔叶混交林为主，园区内群山环抱，立峻挺拔，土地肥沃，林木茂密，植被丰富，百鸟鸣唱，野趣浓郁，林相层次分明，参天大树散布期间，最高树龄达 800~1000 年，林木千姿百态，树冠枝披叶漫，苍郁古朴，浓荫蔽日。景区内现有各类植物共 70 科 200 余属 1000 多种，各种野生动物 400 多种。公园内主要有森林景观类、古树名木、珍稀生物等基本类型。森林景观类有：针阔混交林景观、阔叶林景观、马尾松景观、相思林景观、桉林景观、竹林景观、果林景观等；古树名木类有：雅榕、细叶榕、豺皮樟、榔榆、细柄阿丁枫等；珍稀物种有花榈木。

5. 动物资源

据初步调查，公园内现有各种野生动物 400 多种，以鸟类和爬行类为主。鸟类主要有猫头鹰、斑鸠、画眉、相思鸟等；爬行类主要有蟾蜍、变色树蜥、壁虎、草花蛇等。

6. 主要景点

园内景点有：湿地公园、南山湖、神光寺、祖师殿、墨池寺、石古大王、望兴亭、电视发射塔、慈母亭、白沙大王、三山大王、李振将军纪念亭，是理想的自然风光和宗教文化的游览场所。

（1）神光寺

原名“曹源寺”，是佛教临济宗横山堂支流发祥地（开山祖师牧原和尚，俗名何南凤，石马人）。神光寺建于北宋（公元 1058 年），1958 年被毁，1987 年按泰式寺庙建筑风格重新修建。新神光寺占地面积 8000m^2，建筑面积 2050m^2，寺内有天王殿、大雄宝殿、藏经阁、观音殿、地藏殿。大雄宝殿内设有五百罗汉，四周墙上还有释加牟尼成佛的如来磁画，十分华丽壮观。

（2）祖师殿

在神光寺的上方建有祖师殿。殿分主殿和围廊，占地 3000m^2，建筑面积 1150m^2，殿内有大小佛像 100 多个。

（3）石古大王

从神光山西边山口，迈步 117 级石级而上，可见到一棵千年古榕和一个古茶亭，

在旁边原有一个巨石，即为“石古大王”。相传石古大王为兴宁古代的一位民族英雄，因保家卫国有功，被尊为神。后人为纪念这位相传的英雄，在旁设有神坛和行宫。在坛上方有一横匾，书有漆金大字“岩固天全”，这 4 个字可拆写为“山口一人，石古大王”。

（4）墨池与探花书院

在神光山东边的山坳里的墨池寺边有口石泉，泉水自石间涌出，泉水清澈纯净而无杂质，水味甘甜。据明朝所编正德兴宁志记载，宋学士罗孟郊少年读书于此，常在泉边临池习书，洗砚池中，水尽墨色，因而得名墨池。罗孟郊刻苦攻读，高中探花，被封为学士。后人为纪念他并激励后辈，在墨池边旁建一探花祠，后改为探花书院。

（5）墨池寺

在墨池和探花书院边有一古老的寺庙——墨池寺。墨池寺中有广东最大的千手千眼观音佛像和去年落成的大雄宝殿内的五百罗汉雕像。两处佛像栩栩如生，雄伟壮观，游客络绎不绝。

（6）南山湖

南山湖依山就势，风光秀美，入口栈道可达湖心亭，于湖中央 360° 领略南山

湖的秀美风光，令人心旷神怡。清风徐来，水面的涟漪吹散了对岸陡峭山体上植物的倒影。沿湖岸边的生态绿道漫步于林间，繁衍的野生花卉增添了些许郊野趣味，同时丰富林下空间。湖边五彩花田吸引了众多游客来此游玩摄影，湿地花园丰富的景观空间更是令人驻足难离。步道和木栈道所组成的九曲桥引导人们穿梭于青山绿水之中，将南山湖与周边景区紧密连接起来，带给游客丰富的景观体验。

（7）湿地公园

走进湿地公园，宛若走入原始森林，各种色彩斑斓的花卉，郁郁葱葱的树木交合相拥，俨然是“世外桃源”和天然“氧吧”。这些景致坚持古今兼取、天人合一的理念，力求将景观与文化、自然与艺术合二为一，让每一处景观都默默诉说着这片古老湿地的神奇。

7. 特色饮食

（1）砸粽

在客家话中，砸就是压的意思，砸粽就可以理解为是压制的粽子。其制作工序是先把糯米饭放在木格子里压实，然后放在油锅里炸，必须不停地翻转，使砸粽变得金黄。软和香是砸的特点，但因为是油炸的缘故，食用后使人容易上火。

（2）溜锅粄

溜锅粄是个很形象的名词，它的做法是把黏米调成稠糊状，用汤匙挑起顺着锅壁溜入沸腾的热油汤里。咸甜皆可，口味软滑，如果再加点正宗的客家水咸菜，溜锅粄就集咸、滑、热 3 种滋味于一体，别有一番风味。

（3）石马番豆

番豆者，花生也。石马地方的人民用一种颇为奇特的方法来制作番豆：先用老屋的砖头泥（必须是带硝性的）捣碎加盐和番豆在一块熬熟，捞出又在同样的泥粉里滚，混上米浆使泥粘实番豆，晒到半干，即放在一种特殊的竹容器用火烤，直至干透。这样制作出的花生，味道之奇香绝不是市场上的红泥花生可比。可惜因其制作复杂，食用易粘泥，已经鲜有生产。

（4）鸡颈粄

用水把“七分糯三分黏”的米粉和成小团，放入热油锅里，用锅铲压拍成薄片煎熟。趁热取出，撒上白糖和碎花生米，细细卷好。用刀切成小块，味道香甜可口。

（5）萝卜粄

萝卜具有消痰化气的功用，味道清甜且价格低廉，深受客家人的喜爱。用萝卜粄和黏米粉做成的萝卜粄，是客家人的年糕。依各人所好，加入五香粉、虾仁、香菇、猪肉等，配合萝卜的清香，倒上两碗老酒，是兴宁人过年必不可少的美食之一。

（6）田艾粄

这是一种生长在田埂的艾，捣烂后和上黏米粉做成的小吃。田艾的味道甘中带着特别的芳香，入口细嚼，喉间鼻里尽得享受。长在沙堤上的田艾，叶梗肥大，是一种绝佳的食材。

（7）酿豆腐

这是兴宁走向各地的四菜之一。用山泉水做的，更是掉在灰里“拍不得、吹不得”的“高尚”豆腐，配上头刀肉馅，细火慢煎，回味无穷。在现代，酿豆腐为兴

宁人过年必备的菜肴，根据兴宁人的习惯，豆腐取“付唔园”，即怎么都给不完之意。

（8）梅菜扣肉

梅菜扣肉是客家四菜之一，随着开放之后的交流，梅菜扣肉已走向各地餐桌。它的引申产品有水晶扣肉、香芋扣肉等。

（9）黄粄

兴宁北部山区，有一种只此一家的独特稻米，叫珍珠米。它米粒比大米，小呈黄色，产量极低，很少人种。但是用这种又叫禾米的做粄，却有一种非常独特的香味，初到北部山区的游客，一定会尝尝这种小吃。虽然它不一定是最好的，但它绝对是独一无二的。

（10）蓼花

一种松脆香为特点的小吃，是真正的兴宁小吃。

（11）付卷

付卷也是一道客家名菜，它用腐竹皮包住馅料（由肉、花生、香菇组成），并用油炸而成。付卷亦可作为煲汤的原料，味香而不腻。

（12）鸡炒酒

不是每个人都能把酒炒好，从选酒取鸡到挑姜都很有学问。如能遇到一位好师傅，他炒的酒肯定是酒气鸡味姜香，喝起来，以碗论。它有 3 个特点：补身子、特别香、特别顺口。鸡炒酒经常被兴宁人用作产妇坐月子之用；另当有家添男丁的时候，家中就将鸡炒酒炒上一大锅，发于全村每家一碗。

8. 住宿设施

公园周边餐饮、住宿、购物、娱乐设施相对完善，目前神光山顶大酒店在建中。

9．自驾游路线

沿梅河高速，在兴宁东高速路口下高速，靠近兴宁火车站。

10．公共交通路线

在兴宁城区内乘坐 1 路公车到神光山老山门，或乘坐 6 路公车到梅子村（湿地公园、石古大王）。

11．推荐行程

（1）神光山广场——莲花池——石古大王——梅园——南山湖——竹园——百花园——湿地公园——体育公园——山顶广场。

（2）佛教文化园（神光寺）——烈士纪念碑——赖颂祺烈士碑——祖师殿——将军纪念亭——山顶广场。

广东红山森林公园

中文名称	广东红山森林公园
英文名称	Guangdong Hongshan National Forest Park
地理位置	广东省潮州市红山林场内
地理区域	潮州古城之东 5km
占地面积	852.27hm^2
气候类型	亚热带海洋性季风气候
植被类型	人工针叶和针阔混交林为主
管理级别	潮州市红山林场
公园级别	省级

樱花园

1. 气候条件

公园地处南亚热带，地域毗邻南海，属亚热带海洋性季风气候。其特点为：雨量充沛但分布不均，年平均降水量达 1668.3mm；汛期在 4~9 月，降水量占全年的 84%；枯水期在 10 月至次年 3 月，仅占全年的 16%。夏长冬短，气候温暖，年平均气温 21.4℃，1 月平均气温 13.2℃，7 月平均气温 28.3℃。海洋性气候，主东南风。全年主导风向为夏、春、秋季的东南风，台风多发生于 7~9 月。公园内空气清新，含负氧离子高，是休闲避暑的理想之地。

2. 地形地貌

公园为潮州中部丘陵地貌区，其平均坡度为 27%, 最陡坡 60%，最缓坡 12%，地质岩性以英安斑岩、安山玢岩、流纹斑岩及中酸性火山碎屑夹页岩为主，为侏罗系上统兜岭群，距今约 1 亿年，石质较为坚硬，山地土壤是亚热带气候条件下现成的砂页岩赤红壤，呈酸性，土质较厚。

3. 自然资源

红山森林公园森林环境优美，基础设施齐全，交通便利，园区道路畅通，自然资源丰富。植被以人工阔叶林和针阔混交林为主，森林类型较丰富，树种较多，林相整齐，山青、林翠、草茂是红山森林公园的特色。园内生物种类较多，有乔木 80 多种，灌、草、藤植物 200 多种。境内森林茂密，空气清新、水清山秀，恬静秀美。鸟语花香，四季如春，茂密的森林植被与大大小小的水库，形成了一个相对幽静娴适的环境，虫鱼鸟兽，蝶飞凤舞，还有高山可观日出晚霞，果园可观花赏果，恰如人间仙境，世外桃园。林内气候凉爽，是理想的旅游度假圣地。在森林类型、水体、气候、地理位置及交通方面有着显著的优势，具有广阔的旅游前景。

4. 植物资源

森林公园内植物资源较为丰富，乔木约有 80 多种，灌木和藤、草本植物约有 200 多种。主要乔木树种有：马尾松、台湾相思、窿缘桉、柠檬桉、赤桉、杉木、杨梅、菠萝蜜、构树、对叶榕、斜叶榕、榕树、阴香等。主要灌木有：草珊瑚、粗叶榕、了哥王、排钱草、也麦树、大叶千斤拔、两面针、樘、红叶背、余干子、黑面神、苍耳、山芝麻、山杜鹃、黄荆、鬼灯笼等。藤本植物有：锡叶藤、酸藤果、扭肚藤、玉叶金花、鸡矢藤等。草本植物有：火炭母、葫芦菜、鸡眼草、地胆草、蟛蜞菊等。

蕨类植物有：海金沙、乌毛蕨、半边旗、铁钱蕨等。

5．动物资源

红山森林公园内野生动物多分布于海拔 120~300m 的山前和山后之间，主要有布谷鸟、猫头鹰、毛鸡、鹧鸪、山鹊、啄木鸟、山鹭、姑嫂鸟、纹斑鸠、水鸭、野猪、果子狸、穿山甲等。

6．地方特产

（1）炒沙粿

沙茶粿是广东潮州地区汉族传统小吃，潮州粿条有一种干捞的食法，因“捞”后需加入油、酱料等，故在潮州方言称之为“灌”，捞粿条在潮州称之为“灌粿条”。做法是先将芝麻酱用热水调至糊状，粿条在沸腾的汤锅中焯熟，捞起滤干水分，倒在碗中，拌以花生酱、沙茶酱、猪油、味精、鱼露、浙醋等，再加上焯熟的肉片、生菜等。粿条润滑柔软的口感和花生酱、沙茶酱浓浓的香味使得许多人都对沙茶粿情有独钟，实是一款来潮州的游客不可不尝的小食。

（2）潮州老婆饼

潮州老婆饼，是广东广州地区潮式汉族小吃之一，是广州名店——莲香茶楼的看家点心，其雅号名为“冬茸饼”。潮州老婆饼的制法是将熬烂的冬瓜，加上白糖，撒些面粉为馅，包入圆形的面粉饼中，同时在饼的表面涂上一层鸭蛋清，入炉烘烤而成。特点是皮酥馅滑，香甜可口，制作简单，价廉物美，是理想的大众食品。

（3）潮州鱼蛋粉

潮州鱼蛋粉是广东省潮州地区汉族传统小吃之一。将干的米粉放入冷水里煮开后，焖在锅里至米粉熟透，取出冲一下冷开水，吃的时候再放开水里烫热。

7．住宿设施

潮州宏伟临江酒店、潮州韩山酒店。

广东黄岐山森林公园

中文名称	广东黄岐山森林公园
英文名称	Guangdong Huangqi Mountain National Forest Park
地理位置	揭阳市区北郊
地理区域	莲花山脉
占地面积	1148.22hm^2
气候类型	亚热带气候
植被类型	常绿阔叶混交林
管理单位	揭阳市黄岐山森林公园管理处
公园级别	省级
著名景点	岐山古塔、侣云寺、月容墓等

1. 位置

黄岐山为森林公园的核心，主峰海拔293.1m，山系有溪南山、石牛山、营前山、虎头岭等十几座山峰，山势连绵，蜿蜒起伏，山虽不高，但也有雄伟壮丽的气势。

2. 气候条件

公园所处属南亚热带气候区，高温多雨，无霜期长。

3. 地形地貌

黄岐山属花岗岩地貌，以中丘地形为主，间有小块平地穿插其间。山脉东西走向，山势连绵，蜿蜒起伏。成土母岩主要有花岗岩、页岩，土壤多为赤红壤，氮、磷含量少，土壤肥力差。

4. 植物资源

森林公园内森林覆盖率接近80%，林木资源丰富，植物约有125科600多种，组成种类以壳斗科、樟科、山茶科、木兰科、金缕梅科、杜英科、梧桐科、大戟科、桑科、冬青科为主；有马尾松、桉树、台湾相思树、福建柏、深山含笑、木棉、榕树、菩提树等树种。

5. 动物资源

由于公园气候温和，雨量充沛，森林茂密，给野生动物提供了丰富的食物和活动空间，成为野生动物的重要栖息地。公园境内有陆生脊椎动物11目31科78种，如穿山甲、蟒蛇、野猪、野兔、山麻雀、八哥、红嘴相思、画眉等。

6. 古代人文

黄岐山历史悠久，山上文物古迹众多，摩崖石刻奇秀。在岐山古塔与半山亭之间的偏东断崖边，是新石器时代晚期至商周时期先民磨制石器的地方。主峰南坡遗址，面积约10 000m^2，现仍保存有抗日战争遗留的战壕。历史上许多文人志士纷纷在此观景览胜或长居修真，留下了历代诗人墨客吟咏唱和的诗文和佳词丽句。诗文并茂，各种书体俱全，乃文化艺术之佳品。现字迹清楚、保存完好的还有30多处。此外，冯元飙与黄月容凄美的爱情故事，为黄岐山平添了凄婉动人的一笔。冯元飙是浙江慈溪人，明天启六年（1626）任揭阳县令。在任期间，他倡议兴建涵元塔，关心民苦，为揭阳人民做了许多好事实事，可谓政绩卓著，备受揭阳人民的崇敬。黄月容是冯元飙的侍妾，她才貌双全，后因被冯太爷的原配所妒忌而遭残害。冯元飙将黄月容厚葬在黄岐山下，并在半山腰建造侣云庵与之千古相伴。揭阳先贤郭之奇所撰写的《侣云庵记》和《月容传》，使冯黄俩人的爱情故事更加广为传扬。

7. 主要景点

（1）岐山古塔

俗称“镇魔塔”。位于黄岐山主峰山顶，四周有许多裸露巨石，形态各异，奇特象形，给人无尽遐思。古塔分5层，呈八角形，顶有葫芦，高20m，墙厚1.5m，为空心花岗岩石塔，每层有通窗一个；建筑浑雄，实为古建筑之艺术精华。岐山古塔历史悠久，闻名遐迩，被誉为揭阳“文笔”，是揭阳的地标性建筑，1993年3月被列为揭阳市文物保护单位。

（2）侣云寺

侣云寺坐北向南，分为前厅、庭院、大雄宝殿（奉三如来）、后藏经楼、东侧观音阁、西侧月容殿、客厅、素菜馆、万佛楼。大殿内供三大如来佛、十八罗汉、黄月容神位及挂像，两侧墙有对联，上方墙挂一幅敬录冯县令《钟铭》书法，宝殿飞檐斗拱，雕梁画栋，上绘多个佛门故事。侣云寺是黄岐山颇有盛名的寺庙堂馆之一。侣云寺前院两株珍稀的古槐树，树干峥嵘，浓荫蔽日。因两株连理，故人称“公婆”，不少恋人来此朝拜。为中国珍稀古树之一，广东省仅有 3 株，1991 年被列入揭阳县政府公布的“古树名木”，并得以保护。树上长着一株从潮阳灵山寺移植而来的壁兰，“槐兰结缘”为侣云寺增添一景。

（3）慈云寺

按传统寺庙园林格局建设，目前已建成有大雄宝殿、藏经楼、观音阁、普同塔、斋堂、功德堂、居士楼、圆通殿、天王殿、地藏殿、伽蓝殿、钟鼓楼、山门及配套设施等，颇具规模和气势，各建筑气势宏伟，雕梁画栋、飞檐走兽，颇具观赏效果。目前市民群众前往礼佛、游玩观光者络绎不绝。

（4）摩崖石刻

历代诗人墨客在黄岐山留下许多吟咏唱和的诗文和佳词丽句。现字迹清楚，保存完好的还有 30 多处，如南宋咸淳年（1272），僧慧圆的石刻“竺岗上界路”；明、清石刻“远水连天”“采山钓水”“卧云”“访泉”等。

（5）竺冈岩

别名“山书斋”又称“陈夫子岩”，为陈希伋的读书处。陈希伋是渔湖塘埔村人，宋哲宗元佑六年（1091）考中进士，曾知梅州军事，在揭阳宋代《贤达》名录中名列第一。陈希伋中举前曾在黄岐山的竺冈岩读书，后人因陈希伋的文名和德政将竺冈岩尊称为“陈夫子岩”。竺冈岩一直以来是黄岐山上一处著名的旅游景点。

（6）崇光岩

清乾隆《揭阳县志》有这样的记载：崇光岩，在黄岐山西，石上有榕树，其岩二洞，有石门，左右构禅室，中为元帝庙；因罗万杰备受后人的崇敬而成为黄岐山的知名旅游景点，其遗存的名贤碑文石刻无论从数量、集中程度以及文物价值来说均居于黄岐山各景点之首。目前已建成颇具规模的寺院，主体建筑物有牌坊门、放生池、天王殿、观音阁、地藏阁、大雄宝殿、藏经楼等。其右上方是罗万杰隐修故址，里面供俸有罗万杰神位供游人瞻仰礼拜。

（7）飞凤岩

原称“兰岩”，位于岐山塔背面。建于清康熙年间，已有 330 多年的历史。飞

凤岩巨石嶙峋，绵延数百米。石面平，石室宽，石隙相连。依石势建成佛堂、诵经阁，有石径从岩顶直通山下，甚为壮观。景区内的飞凤古寺依山而建，有大雄宝殿、地藏阁、观音阁等。寺四周山林环抱，绿竹掩映，寺前古树参天，环境清幽，寺后有一石砌山路可直通黄岐山塔。在飞凤岩风景区赏落日余晖，览连绵远山，品山下屋舍平畴，听禅院钟声，观飞鸟归巢，别具一番情趣。另有凤泉古井、飞凤洞天、水帘洞、飞凤亭等景点，是一个集自然风景，禅宗文化，人文景观于一体的景区。

（8）潮州八贤纪念馆

潮州八贤纪念馆景区建筑物仿照宋代风格设计，古朴大方，前大门为二柱二跨栏牌坊式结构；“崇贤坊”以四柱三门冲天式建造；“弘德阁”中建有卢侗全身塑像；八贤馆位于整组建筑物的中间，馆匾是国学大师饶宗颐教授所书，馆内正中是赵德、许申、吴复古、林巽、卢侗、刘允、张夔、王大宝等八位潮汕先贤的半身石像；“励文堂”位于景区的最上端，为二层亭阁式建筑，堂内陈列着卢侗所书的《龙川罗恺墓志铭》仿制碑刻，他的这一墓志铭被视为目前广东省内书法遗迹存世最早的书法作品。潮州八贤纪念馆是黄岐山森林公园可供人们参访瞻仰，具有爱国主义教育意义的主要基地之一。

（9）谢翱纪念馆

谢翱是南宋爱国诗人、抗元民族英雄，他在宋代文学史上的地位仅次于文天祥。谢翱纪念堂按仿宋石木结构建筑设计，格调高雅，集潮汕建筑的石雕、木刻镶嵌、油漆、绘画等建筑装饰之大成。因与磨内水库连成一片，倚山傍湖，湖中有岛，鸟语花香，空气清新，山光水色引人入胜；作为爱国主义教育基地，吸引着千千万万的谢氏后裔和各地游客前来参观游览。

（10）黄月容墓

为揭阳市文物保护单位。墓中人黄月容为明末揭阳县令冯元飚之妾，聪明贤惠，心地善良，常帮冯理政破案，冯对其珍爱有加。月容遇害后，冯为纪念她而将其厚葬于黄岐山麓并建侣云寺，请僧人为其超度守墓。她的故事被编成诗书及戏剧，历代传颂，使潮汕地区家喻户晓。300 年来，潮汕人民一直把她做为真善美的象征，被尊为“月容夫人”。如今，侣云寺、月容墓善男信女甚众，拜谒者络绎不绝，香火不断，在每年正月十六“踏青”日，都会有许多人来到墓前拜谒。

（11）革命烈士墓群

位于黄岐山南麓“枕头地”。为纪念民主革命时期牺牲的烈士郑英略、卢根、林美城、蔡传醒、陈烈荣、陈鸿高、罗佩卿等，1957 年，揭阳县人民政府拨款在

黄岐山修建烈士墓群。1996 年 4 月，黄岐山烈士墓群被揭阳市人民政府定为市级文物保护单位。

8. 地方特产

（1）埔田竹笋

黄岐山北部种有埔田竹笋，其品种独特，是国内罕见的食用笋品种，有“岭南山珍”之美称，具有植株矮、分枝低、叶片密、叶量多、产量高等特点。埔田竹笋产品质优良，具有高纤维、低蛋白、无脂肪，含多种氨基酸及维生素，味道鲜美，风味独特等特点，有保健减肥美容等功效。竹笋整个生产过程不需施用农药，不受任何污染，是绿色食品，在国内外被誉为“第一绿色保健食品”，出口不受配额限制，在国际市场上供不应求。

（2）阳桃

阳桃，别名：五敛子、杨桃、洋桃、三廉子等，被子植物门，五敛子属。阳桃是一种产于热带亚热带的水果，具有非常高的营养价值。阳桃为常绿小乔木，高可达 12m。羽状复叶互生，由于叶子会对热和光产生反应，受到外力触碰会缓慢闭合，小叶 5~13 片，卵形至椭圆形，顶端渐尖，基部圆，一侧歪斜。花小，两性，花枝和花蕾深红色；花瓣背面淡紫红色，边缘色较淡，有时为粉红色或白色，腋生圆锥花序；花期春末至秋。浆果卵形至长椭球形，淡绿色或蜡黄色，有时带暗红色。果子成五角星形。

（3）橄榄

橄榄，橄榄科橄榄属乔木植物。高可达 35m，胸径可达 150cm。小叶 3~6 对，纸质至革质，侧脉 12~16 对，中脉发达。花序腋生。果序长 1.5~15cm，具 1~6 果。卵圆形至纺锤形，成熟时黄绿色，外果皮厚，核硬，两端尖，核面粗化。花期 4~5 月，果 10~12 月成熟。橄榄是很好的防风树种及行道树。木材可造船，作枕木。制家具、农具及建筑用材等。果可生食或渍制；药用治喉头炎、咳血、烦渴、肠炎腹泻。核供雕刻，兼药用，治鱼骨鲠喉有效。种仁可食，亦可榨油，油用于制肥皂或作润滑油。

9．区内交通

黄岐山森林公园紧邻揭阳市区，公园大门至揭阳新市区约 2km，与揭阳火车站为邻，在建的揭阳潮汕机场距离 20km。水路有榕江航道；公路有梅汕高速、惠普高速等，公园的东、南、西边都有公路，并可直达公园内部。公园内建有登山石级步行道，主要是慈云东路、慈云中路、慈云西路 3 条上山主干道全长 6.5km，公园内林区便道众多。

10．自驾游推荐路线

（1）广州：广惠高速——沈海高速——潮惠高速——揭阳市区 / 锡场 / 华清出口——朝揭阳市区方向进入 206 国道——岐山车站——黄岐山森林公园。

（2）潮汕机场：机场路——206 国道——岐山车站——黄岐山森林公园。

11．公交车线路

（1）黄岐山森林公园附近的公交站：岐山车站、岐山火车站。

（2）黄岐山森林公园附近的公交车：市区二环。运行路线：黄岐山车站——黄岐山车站（内侧环线）。运行时间：6:30~18:50。

广东长潭森林公园

中文名称	广东长潭森林公园
英文名称	Guangdong Changtan National Forest Park
地理位置	广东省蕉岭县西北部
地理区域	武夷山余脉
占地面积	$842hm^2$
气候类型	中亚热带季风气候
植被类型	常绿阔叶林
管理单位	蕉岭县长潭库区林场
公园级别	省级
著名景点	一线天、高台庵、桫椤珍稀园

1. 位置

广东长潭森林公园地处武夷山余脉，广东省东北部，蕉岭县西北部。东经116°04′~116°06′，北纬24°01′~24°44′。

2. 气候

公园所处属中亚热带季风气候区，冬长夏短，高温多雨，气候温和，四季常青。

3. 地形地貌

长潭森林公园地质景观古老有趣，地形地貌非常独特，其山形、山石千姿百态，怪石嶙峋，有的像动物，有的像山神，各种奇岩怪石惟妙惟肖、栩栩如生，神奇至极；人们在观赏石山的同时，能够真正感受大自然的鬼斧神工。

森林公园内水流深邃狭，有“岭南日月潭”之称，是国家4A级旅游景区、省级自然保护区。园内的绚丽山色和潋滟水光，蕴含着“但觉水环山以外，居然山在水之中”的“岭南日月潭”独特意味。长潭一川绿水，两岸青山，库面宽阔，水深波平，库中鱼欢虾跃，沿岸山水交融，草色青青，树木葱葱，宛如镶嵌在大地的蓝色明珠。

4. 植物资源

长潭森林公园总面积842hm^2，其中陆地面积722.2hm^2，水库水域面积119.8hm^2，森林覆盖率达85%，森林活立木总蓄积11.5万m^3，每亩平均活立木蓄积 10.6m³。园内动植物资源相当丰富，山峦耸峙，绿海无边，层林叠翠，花果飘香，荟萃了许多珍贵的生物资源与物种，有“生物物种基因库”“珍稀动植物避难所”等美称，每年 9~10 月，大批白鹭在湖面上及森林中盘旋、栖息，蔚为壮观。有维管植物 1300 多种，建立有名木古树园、百花园、百竹园。其中有华南苏铁、桫椤、金毛狗、苏铁蕨、任豆等濒危珍稀植物 21 种。

5. 动物资源

珍稀动物共计有 31 种，有云豹、蟒蛇、鼋及虎纹蛙、穿山甲、猴、大灵猫、小灵猫、鸳鸯等，另有鱼类 40 多种。

6. 主要景点

（1）一线天

一线天景点位于长潭水电大坝侧，一线天峡谷山势险峻，峡谷中只露出一线白色天空，崖顶瀑布从天而降，飞溅的水花雾珠轻纱似地朝谷底飘来，自然形成冬暖夏凉、清新爽洁的天然环境。

（2）高台庵

高台庵是粤东著名的庵场寺庙，建于长潭库区林场雄伟的天马山半山腰上，地势十分险峻，又叫金龟挂壁，有“南方悬空寺”之称。相传为清朝嘉庆初年船工伍荣昌老人变卖渡船，倾其积蓄所建，有 300 多年的历史。1986 年重修扩建，香火极旺盛，是蕉岭县著名的旅游观光景点。庵内大堂有副名联：“此胜汉高台，上依绝壁，下瞰深潭，老婆婆背负幼孙，濯足欲捞浮水月；斯名灵山塔，左腾天马，右舞飞龙，二姑姑鞭驱巨石，经心思补漏壶天。”此联将长潭名胜、景物、山水连缀成联，是长潭美景的真实写照。

（3）桫椤珍稀园

位于公园西南部盘龙鸡公山内。是一处集珍稀动植物保护、科普宣传教育、森林生态效益监测、观光休闲娱乐于一体的多功能园地，是蕉岭生态旅游中一道亮丽的风景线。桫椤是一个较古老的类群，是恐龙同时代的植物，中生代曾在地球上广泛分布，有植物“活化石”之称，列为国家Ⅱ级重点保护植物，具有极高的保护和科研价值。在盘龙鸡公山保存有 800 多株大小不一的桫椤群落，其中最大一株树龄 400 多年，树高达 4m。

三、粤西地区

广东三岭山国家森林公园

广东茂名森林公园

广东大王山国家森林公园

罗定市龙湾云盖山森林公园

广东三岭山国家森林公园

中文名称	广东三岭山国家森林公园
英文名称	Guangdong Sanling Mountain National Forest Park
地理位置	广东省湛江市境内
地理区域	霞山区西南 3km 处
占地面积	738.79hm^2
气候类型	北热带海洋性季风气候
植被类型	热带季雨林型的常绿季雨林
管理单位	湛江市三岭山国家森林公园管理处
公园级别	国家级
著名景点	月季园、牛姆岭广场、观景台、石英沙微型景观、赤溪湖

1．位置

三岭山森林公园位于中国大陆最南端城市——湛江市霞山区新湖大道北一号。地理坐标为北纬 21°9′~21°11′，东经 110°11′~110°21′。三岭山森林公园规划总面积为 738.79hm^2，绿化覆盖率极高，是湛江市区重要绿色保护屏障，对降低城市空气污染、净化空气、调节气候、涵养水源起着重要的环保作用，被誉为湛江“市肺”。

2．气候

三岭山森林公园气候属北热带海洋性季风气候，阳光充足。年降水量 1600mm，年日照时数 1900 小时，年平均蒸发量 1803.6mm，年平均相对湿度 83%。由于受小地形影响，加上植被良好的原因，形成了特殊小气候。光照时数要比周边少，空气湿度较周边大，特别是夏季，周边地区热浪炙人，公园内却凉爽宜人。公园内空气负离子含量平均在每立方米 1000 个以上，空气质量评价指数大于 1，空气质量达到 A 级，为最清洁的空气。

3．地形地貌

三岭山森林公园地形属低丘陵台地，西北高、东南低，自西向东逐步倾斜，中部牛姆岭最高海拔高度为 140m 以上，一般地带海拔高度 60~90m，公园管理处周围以及赤溪水库西北一带地势较平缓，海拔在 30~50m。三岭山山体表土层主要是黄土，厚度为 2~11m，含沙量大，少数地区有石砾层，下层多为黄棕色沙壤土；有些地方有灰白色的黏土层，土层一般较厚。园内土壤主要为砖红壤和沙砾土，土壤较松散，土层中厚，含沙量较大，由于公园降雨较集中，极易引起水土流失。

 4. 植物资源

公园林区面积 588hm^2，绿化覆盖率很高。在开发旅游资源和保护生态资源中，公园始终坚持保护和建设并重，在保护中建设，在建设中保护。在切实做好生态森林资源保护的基础上，先后营造建设了“三八林”“五一林”“建设林”“公仆林”“长城林”“霞山区林”“纪委林”“交通林”“金叶林”“教育林”等 10 片示范公益林。

公园植物资源十分丰富。有乔木 318 种、灌木 536 种、植被 670 种，其中属国家Ⅰ、Ⅱ级保护的植物 5 种。公园内林分主要有加勒比松林、马尾松林、大叶相思林、桉树林、经济果林、木麻黄林。另有一些野生的花草，如桃金娘、野牡丹及沟谷内生长有奇异的野生猪笼草等。

5. 动物资源

森林公园看似平淡的山林之间，栖息着许多珍稀动物。公园共有脊椎动物 4 纲 18 目 35 科 89 种，主要有白鹭、猫头鹰、山鸡、斑鸠、鹧鸪、麻雀、树蛙及鼠类、蝴蝶、蜜蜂以及蛇类等。另外，赤溪水库有鱼类 10 多种。公园内鸟啼虫鸣，动物嬉闹于沟壑林间，人与自然和谐共生。

6. 主要景点

（1）月季园

一处以玫瑰为主题的专类园，这里共种植玫瑰 30 多个品种，5000 多株，是湛江市首个以玫瑰为主题的花园。

（2）海洋馆

海洋馆有海狮表演，恐怖城，以及鳄鱼、果子狸、鸵鸟等十几种动物，能让游客目不暇接，感受不一样的气氛。

（3）欢乐世界

欢乐世界是孩子与青少年的乐园，游乐项目丰富多彩，趣味无穷。游客都说："游三岭山山水，玩转欢乐世界"，这里有旋转迪士高、穿梭时空、飓风飞椅、丛林飞鼠、豪华转马、水上乐园等 14 个游乐项目。是粤西地区规模较大，项目较齐全，性能较先进的游乐场。

（4）生态园

生态园是一个以绿色、环保、回归自然为发展基调，集科普、观赏、游乐于一体的植物大观园，是湛江市唯一一家四星级农家乐。

（5）石英沙微型景观

两条天然形成的大沙沟，全长达 4km，沙沟平坦开阔，最宽处达 150m，沙子洁白细致，潺潺清澈的溪水流淌其间，被我国地质专家鉴定为中国第一石英沙沟和国内罕见的石英沙微型景观。

（6）赤溪湖

公园沿赤溪湖边配置景观性强的植物，形成独具魅力的滨湖风景，设置具有特色的长椅、桌凳、亭台、入水栈道、小品等。游客或漫步湖边，或停驻小憩，或亲水玩乐，欣赏波光粼粼的水景，观赏赤溪日落的壮丽，体验自然慢生活的步调。

7. 地方特产

（1）野生稔子酒

三岭山野生稔子酒采用本土野生稔子、名优中药材、蜂蜜、优质大米酒等原料经多年炮制而成，该酒色泽紫红，口感软绵、香醇厚实。据《本草纲目》记载，稔子为天然野生补血珍品果，该酒具有补血益气、滋阴壮阳、去湿补血等功效。

（2）秘制三岭山翁鸡

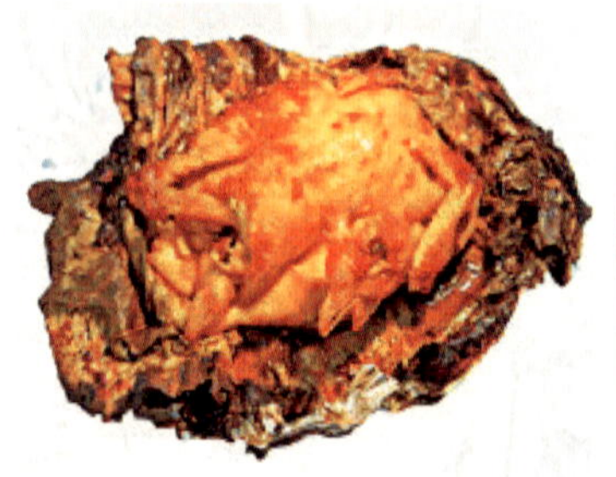

三岭山瓮鸡通过秘制而成，用吃五谷、虫子长大的“走地鸡”为原料，在腹中放上几十种特殊的配料，然后在泥堆中煨熟。出炉后的“瓮鸡”肥而不腻，食之不上火，口感好，已成为有口皆碑的美味食品，吸引不少“回头客”。

（3）黄秋葵

黄秋葵又叫秋葵、黄蜀葵和羊角豆等，属锦葵科一年生草本植物。原产于非洲东北部，为热带重要的蔬菜，是高级保健营养蔬菜。食用部位是嫩果，含有多种维生素，果实粘质丰富，能增强人体耐力，助消化，对胃炎和胃溃疡有很好的疗效。黄秋葵嫩果汁液中含有果胶、半乳聚糖和阿拉伯树胶等物质，使其在炒食或煮汤时质柔而黏，风味鲜美。可鲜食、冷冻或生拌。黄秋葵的种子在成熟后又可作咖啡代用品。其植株和花朵也具有较高的观赏价值，适宜于公园、庭院和居室等场所栽培。由于黄秋葵具有喜光耐热、抗逆性强的特点，因此，是调剂淡季市场的理想蔬菜，又是很好的创汇蔬菜。

8．餐饮设施

生态园占地面积 2hm^2 多，管理设施周全、环境舒适、安全可靠，是湛江市青少年生态科普教育基地。园内设瓜果廊、盆景园、玫瑰园、戏鱼池、森林曲径、野菜馆、大型烧烤场（可同时容纳 2000 多人）等，是一个以绿色、环保、回归自然为基调，集科普、观赏、游乐于一体的植物大观园。园内还设有打鸡瓮、蒙古烤全羊、烧烤、棋牌游乐、观赏奇花异果等特色旅游项目。同时生态园实为青少年科普教育、学生春秋郊游、增长见识、享受新奇乐趣、回归自然、放松身心的好去处。

9．住宿设施

湛江霞山七日酒店旁有多条公交线路直达景：世界最大火山玛珥湖湛江国家地质公园（湖光岩）、东海岛旅游度假区、法占区法国公使馆、湛江海湾大桥、观海

长廊等。酒店坐南朝北，房间宽敞明亮、舒适干净、南北通透、无暗房、采光极好；配套设施齐全，设有免费停车位，舒适的床垫、全棉质地床上用品，简约现代家具，独立空调，独立卫生间，数字电视，电话，免费宽带等。

10. 购物设施

三岭山景区为宣传景区和丰富景区旅游商品市场，现已开发出土特产品、工艺品、纪念品等。

11. 自驾游路线

广佛高速——佛开高速——开阳高速——阳茂高速——茂湛高速——湛江市区（人民大道、椹川大道或海滨大道）——湖光路口——转入百蓬路——广东三岭山国家森林公园。

12. 公共交通路线

开发区民航售票处——市国土局——开发区管委会——园岭路西——湛海公寓——紫荆苑渡假村——园岭路口——四二二医院——海滨学院——海滨宾馆——中英文学校——金地集团——海景市场——凯城——湛江医学院——市政大厦——附属医院——岭南市场——市四中——市二中医院——建新西路——新村场——兴隆村——环岛——百蓬东路口——西墩路口——百儒村——三岭山森林公园。

广东大王山国家森林公园

中文名称	广东大王山国家森林公园
英文名称	Guangdong Dawang Mountain National Forest Park
地理位置	广东省云浮市郁南县都城镇
地理区域	北回归线以南
占地面积	806hm^2
气候类型	南热带季风气候
植物类型	常绿落叶、针叶混交林
森林覆盖率	87%
管理单位	广东大王山国家森林公园管理处
公园级别	国家级
著名景点	樱花园、桃花园、茶花园、梅花园

1. 位置

大王山国家森林公园地处广东省云浮市郁南县都城镇城区的东北面，是一处自然风景区。大王山国家森林公园区位条件优越，所处地都城是全县的交通中心，公路可直通广州、肇庆、云浮、梧州等大中城市，并有广梧高速出入口，南广铁路，水路通过西江，上可往广西沿江各县（市），下可达省、港、澳和珠三角，交通十分便利。

2. 气候

森林公园位于北回归线以南，属南亚热带季风气候。气候宜人，日照充足，雨量充沛，夏热冬冷，气候明显，年平均温度 21.4℃，极端最高温度 28.7℃，最低温度为 –3.1℃，平均降水量 1433mm。广梧高速公路，南广高铁纵贯境内，干线公路纵横过境。公园空气清新，含负氧离子高，是休闲避暑的理想之地。

3. 地形地貌

大王山国家森林公园属中丘陵地貌，最高峰为大王山，海拔 247.6m，森林公园由大王山山体构成，主山脊由南向东，由主峰向四周倾斜，如一平放在平地的拳头，形成起伏多边丘陵地貌，隐秀湖、鸦路湖、龙湖等坐落在其中。

4. 植物资源

公园内植物资源丰富。据调查统计，公园内有植物 48 科 125 属 180 多种。其中，厥类植物 12 科 18 属 27 种；裸子植物 2 科 3 种；双子植物 42 科 99 属 150 种；单子植物 2 科 6 属 9 种。常见树种以樟科、壳斗科等为主，林下灌木、草本众多，有桃金娘、鸡矢藤、蕨类等。

5. 动物资源

公园主要野生动物有36种。其中哺乳动物6种，如穿山甲、豪猪、黄毛鼠、小家鼠、野猪等；鸟类包括白鹭、绿头鸭、苍鹰等19种。爬行动物有眼镜蛇、过树蛇、竹叶青等8种；两栖动物包括黑眶蟾蜍、沼蛙、虎纹蛙等3种。

6. 古代人文

（1）大王古庙

传说古时候，人们为纪念勤政廉洁为民的陈敢大王，于山脚下建了一座二进式的大王庙。据说当时香油很旺，附近方园几里的村民常来此朝拜，但民国初时被拆除。

（2）圣帝宫

坐落在大王山国家森林公园东面，其前身为洪圣宫，始建于明代万历年间，距今已有400多年的历史，清咸丰年间扩建，改称“圣帝宫”。

7. 主要景区

（1）核心观赏区

核心观赏区环绕公园的生态保育区，由阔叶树、针叶树、针阔混变林等森林景观组成。

（2）桃花园景区

面积约 13.3hm²。桃花鲜艳亮丽，枝叶繁茂旺盛，是早春主要的观花树种。花期时，游客众多。

（3）樱花园景区

面积约 3.3hm²，种植观赏性的樱花与寒冬樱花。樱花为春节前后开花，花开时，色泽鲜艳亮丽，芬芳灿烂，娇艳迷人。

（4）梅花园景区

面积约 6.67hm²，靠大王山游览区主干道，种植优良梅花品种。梅花是公园特色乔木花卉。至隆冬大雪之时，遍山梅花一齐开放，洁白如雪，晶莹似玉，蔚为壮观，清香四溢，清且益元。登上大王山顶眺望西江流域，观赏日出，可见“西江奇观”（西江第一怪石——华表石奇观）。眺望华表石奇观，犹如巨大华表，直插云天，为西江一奇景，也是公园一大借景。站立大王山顶，举目眺望，四周青苍绿翠，群山连绵起伏，形态各异，有的像龙仕珠、有的像观音莲、有的像猛虎下山等，栩栩如生。

8. 地方特产

（1）郁南无核黄皮

郁南无核黄皮，是广东省郁南县特产。由于郁南无核黄皮母树在郁南，加上郁南具有独特的气候、土壤条件、优质的水资源，从而使郁南无核黄皮以其无核、果大、肉厚、多汁、色鲜、味美、无渣、甜酸适中、果皮薄、果肉黄白色、肉质结实嫩滑等特点而出类拔萃，是中国黄皮品种中的珍品。郁南无核黄皮原产于郁南县建城镇，现存 2 株母树，树龄已有 100 多年，生势旺盛，果实累累。一般在 7 月中下旬成熟，采摘期可以延续到 8 月中旬。

郁南无核黄皮以其果大、肉厚、味美、无核的特点成为黄皮中的珍品，平均单果重 12g，最大达 29.3g；其果肉含可溶性固形物 18.6%，国酸比为 10.7:1，柠檬酸 1.74%，每 100g 果汁含维生素 C 43.8mg；无核率达 95% 以上，可食率 79.4%，具

有较高的营养价值和广泛用途。

（2）十二岭果酒

广东十二岭酒业有限公司通过技术攻关，采用低温生物发酵技术，酒品本身不仅具有浓郁的黄皮果香，醇厚圆润、酒体丰满、回味绵延，而且成功将黄皮鲜果中多种氨基酸、维生素及矿物元素保留在十二岭黄皮酒中，为消费者提供了一种集营养、健康、时尚于一体的果酒饮品。

（3）板栗

建城板栗是一种补养治病的保健品，性味甘温，有养胃健脾、补肾壮腰、强筋活血、止血消肿等功效。栗子对高血压、冠心病、动脉粥样硬化等具有较好的防治作用。老年人常食栗子，对抗老防衰、延年益寿大有好处。深受广大消费者喜爱，是送礼佳品。

（4）亲群六饼

亲群六饼为“亲群”牌黄皮果饼，是选用当地优质无核黄皮作馅料，采用现做烘培工艺精制而成。品质具香脆酥松、甜而不腻、酸味可口的独特风味，口感回味诱人，令人爱不释手，实为赠送亲朋好友的郁南地方特产佳品。通常有甜黄皮，酸味极少；酸黄皮，酸味颇重。还有一种苦味很重的黄皮叫苦黄皮，虽然味苦难食，但药用功效最好。

9. 餐饮设施

新永光大酒店，华盛大酒店。

10. 住宿设施

万豪酒店，清海湾大酒店。

11. 购物设施

郁南特产总经销，主营无核黄皮、黄皮饼、黄皮干、话梅、番薯干、酸梨子、陈皮、沙糖橘等特产小食。产品是自产自销，深受郁南人民的喜爱。

12. 区内交通

大王山国家森林公园可以自驾游、步行方式进行观光，但由于公园道路比较狭窄、坡度大、弯路多，建议采用步行方式观光。步行观光可以尽情享受观赏沿途的风光，一路沐浴山风，领略大王山“山丘林绿、气清景美”的生态景观，给人惬意的旅游享受。

观光线路：

① 大王山公园广场——百步梯级（财富广场）——桃花园景区——观光休闲果园景区——龙湖沿湖游览——大王山登山游览区（登大王山山顶）。

② 大王山公园广场——百步梯级（财富广场）——樱花园景区——天窝顶休闲景区——诚信绿道——公园广场。

13. 自驾游路线

（1）G80 广昆高速（郁南 . 封开）出入口进入郁南县城——九星湖广场（体验郁南生态宜居的县城环境）——大王山国家森林公园。

（2）云岑高速（双东·郁南出入口）进入——参观大湾古建筑群——参观河口磨刀山旧石器遗址——连滩张公庙——兰寨古村南江文化创意基地——G80 广昆高速（连滩·德庆出入口）进入县城——大王山国家森林公园。

14. 推荐行程

（1）大王山国家森林公园——广东十二岭酒业有限公司——十二岭水果种植基地采摘购买新鲜水果——G80 郁南高速入口丰收农庄农家乐特色午餐——平台镇大河国家湿地公园——平台镇省级自然生态保护区同乐大山——返回县城——购买土特产——行程结束。

（2）大王山国家森林公园——九星湖广场——锦绣湖公园——午餐——中山路步行街购买土特产——午餐——行程结束。

广东茂名森林公园

中文名称	广东茂名森林公园
英文名称	Guangdong Maoming National Forest Park
地理位置	广东省茂名市西郊
地理区域	茂名市茂坡林场
占地面积	300hm^2
气候类型	南亚热带季风气候
植被类型	南亚热带植物
森林覆盖率	93%
管理单位	广东茂名森林公园管理处
公园级别	省级
著名景点	勇敢者之路

1. 位置

茂名森林公园位于茂名市西郊，地处东经 110º49′，北纬 21º36′。西与湛江吴川市相邻；北与公馆镇接壤；东与茂南区水保站交界；南与镇盛镇相连。以龙坑河为界，由东西两大片组成，总面积 300hm^2。

2. 气候

广东茂名森林公园地处北回归线以南，属南亚热带季风气候。气候温和，雨量充沛，光照时间长，平均日照为 2013~2161 小时，平均气温在 22.3~23ºC 之间，比市区内低 1ºC。基本无霜，年降水量 1570~1800mm，降雨多集中在 4~9 月，秋季多台风，同时常伴有暴雨天气。

3. 地形地貌

广东茂名森林公园地形为丘陵台地，平均海拔 35m 左右，最高点为平和灵，海拔 56.4m。地质属华南活化地的一部分，下古生代加里东运动时期，隆起成陆。成土母质主要为花岗岩和古浅海沉积物。山地土壤为砖红壤，有机质含量在 0.26%~1.78%，pH4.8~5.5，属酸性沙壤土，有利于发展林木、果树及其他经济作物。

4. 植物资源

公园的前身是一个生态功能良好的国营林场，拥有延绵 4000 多亩的热带、亚热带雨林特色的森林群落。当地植物有乔木树种竹节树、鸭脚木、厚壳桂、假苹婆、黄樟、楝叶吴茱萸等，下层树种有桃金娘、银柴、黄牛木、芒萁等，植物资源十分丰富。从 2000 年起，在建设者有序而具创意的开发下，既保持了原有次生林面貌，

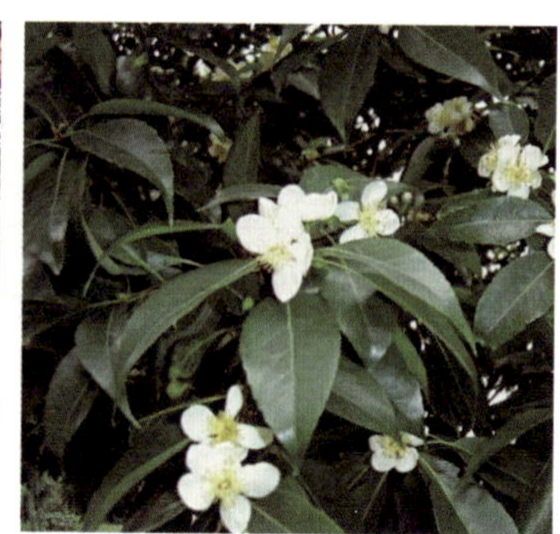

又依照热带、亚热带交接地区的气候特点，引种具有适应性强、景观性好、种类丰富、以乔木为主的物种，以赏花、赏叶、赏形等为特性的植物达1000多种。建有奇瓜园、树木园、棕榈园、阴生植物园、盆景园、沙漠植物园、苏铁园、千个（竹）园等多个植物分类园区。

公园还将准备在东区引进木兰科珍贵树种，如云南拟单性木兰、灰木莲、金丝楠、格木等。公园植物富有地方特色，游人随处都可以感受到品种多样的植物景观，学到丰富的科普知识。

5. 动物资源

公园的森林和山水条件，为野生动物提供了生存环境。这里有珍稀动物和外来动物100多种，包括鳄蜥、巨蜥、蜂猴、东北虎、孟加拉虎、金钱豹、小熊猫等，有阿拉伯狒狒、非洲狮等外来野生动物。另有海狸鼠、豪猪、蟒蛇等多种珍稀动物，是饲养、保护、观赏动物的科普长廊。

6. 主要景点

（1）勇敢者之路

勇敢者之路于2009年9月建成，总长228.89m，占地面积12 838.74m^2，被上海大世界基尼斯总部列入“大世界基尼斯之最”。是国内目前规模最大、跨距最长，采用双通道布设、可供多队列同时竞赛的大型游乐项目。设有“荡板船”“攀悬梯”“平衡桥”“梅花桩”“棋盘壁”“飞天渡”“云梯墙”“双龙会”“三障坡”“玄网阵”“秋千路”“盘龙洞”“晃桩道”等13个项目，模拟现代军事实战野练障碍穿越工事，集体力、智力、毅力、技巧挑战于一体，惊险刺激。

（2）游乐广场

游乐广场设有“空中飞人”“太空漫步”“梦幻飞椅”“海盗船”“森林探险”“霹雳炮”“摩天轮”“双人飞天”“丛林飞鼠”等 10 多个动感刺激的娱乐项目。

（3）趣桥世界

趣桥世界设桥 10 座，造型各异，极具挑战性，是集体能与心理训练于一体的大型拓展活动项目。

（4）植物八卦迷宫

植物八卦迷宫规模宏大，国内罕见，布阵迂回曲折，是集趣味性、娱乐性于一体的比智斗勇娱乐项目。

（5）乐苑

设有碰碰车、豪华旋转木马、激战鲨鱼岛等多项游乐项目。

（6）儿童乐园

儿童乐园设有梅花桩、空中荡桥、空中网壁、上下求索、木马、旋转车等多种游乐设施，是儿童娱乐的好去处。

（7）动物园

占地 13.3hm^2 以上，是广东第四大动物园，广东地级市最大的动物园，拥有粤

西地区最大的动物表演场和动物展示区，有国家珍稀保护动物和外来动物 100 多种。

（8）动物表演场

表演场拥有粤西最大的动物表演阵容，老虎、狮子、黑熊、猴子，纷纷登场，上台献艺，训兽师赤手空拳上阵，一级惊险，妙趣横生。

（9）动物展示区

动物展示区有鳄蜥、巨蜥、蜂猴、狼及海狸鼠、豪猪等多种珍稀动物，是饲养、保护、观赏动物的科普长廊。火烈鸟园：拥有智利火烈鸟和古巴火烈鸟，是极具观赏性的鸟类。猛兽区：有白虎、狮虎兽、非洲狮、黑熊、金钱豹、孟加拉虎等多种食肉动物。动物长廊：云集了一大批阿拉伯狒狒、白颊长臂猿、金雕、秃鹫、金刚鹦鹉、黑帽悬猴、双角犀鸟、松鼠猴等珍贵动物。草食动物区：云集了袋鼠、牦牛、南非剑羚、水羚、黄麂、驼羊等大批外来珍稀动物。鳄鱼池：是粤西最大的观赏鳄

鱼池。猴园：有猕猴、食蟹猴等，是最吸引游客的景点之一。名龟长廊：展示中外名龟 20 多种。水禽湖：湖内有灰鹤、黑天鹅、白天鹅等 20 多种珍稀动物。珍稀名鸽园：收集中外名鸽 20 多种，最名贵的品种为“巨霸白玉球形鸽”，又名“英国吹气鸽”，目前全世界仅存 3 对，我国只有 1 对，茂名森林公园引进了其中 1 只。

（10）科普馆

科普馆是广东最大的动物标本科普馆，馆内动物标本栩栩如生，形态逼真，惟妙惟肖。

（11）烧烤场

可容纳 500 人，是粤西地区最大的室内烧烤场。

（12）游艇俱乐部

游艇俱乐部有各类游艇 30 多艘，趣湖荡舟，浪漫温馨。

7．地方特产

（1）化州橘红

化州橘红为地理标志产品，又名化州柚、化州仙橘，主产于广东省化州地区。它含有挥发油、肌醇、维生素 B1、黄酮甙等，能促进胃液分泌，有助于消化；能稀释痰液，有利痰的排出；还能降低胆固醇，降低毛细血管的脆性，防止毛细血管出血。

（2）高州桂圆

桂圆具有很高的营养价值。据现代科学分析、研究证明，桂圆含丰富蛋白质、维生素及可溶性糖份，具有抗衰老、抗癌、增强非特异性免疫、美容养颜、促进生长发育等功效。

（3）信宜山楂

信宜山楂有消食化积，活血散瘀的功效。多用治疗于食滞不化，肉积不消，脘腹胀满，腹痛泄泻，产后瘀阻腹痛，恶露不尽，以及疝气偏坠胀痛等症。信宜山楂，含有维生素 C、核黄素、柠檬酸、胡萝卜素、酒酸等成份，具有较高的药用价值，清积去瘀，消滞生津，增进食欲，特别对软化血管、降低血压、抑制和降低胆固醇等心血管系统疾病有显著疗效，素有"果中之王"的美称。

（4）电白天然红心蛋

红心鸭蛋是电白县沿海地区放养在海滩的麻鸭，食海滩的鱼、虾、沙虫、螃蟹、海草、茵藻等天然食物所产下的蛋。红心鸭蛋蛋体肥硕，蛋黄呈深橙红色，鲜蛋煮熟后，蛋黄香味浓郁，蛋白略带韧性，柔滑可口，富含蛋白质、16 种氨基酸和钙、锌等多种微量元素，营养丰富。

8. 餐饮设施

公园餐厅。

9. 购物设施

公园小卖铺。

10. 娱乐设施

卡丁车。

11. 自驾游路线

（1）广州、湛江方向（广湛高速）

广湛高速公路——往茂名方向——茂名出口——茂名大道 (高水路)——茂南大道——环市南路——环市西路——进园路——森林公园。

（2）阳江、湛江方向 (325 国道)

阳江、湛江——325 国道往茂名方向——茂名大道 (高水路)——茂南大道——环市南路——环市西路—— 进园路——森林公园。

12. 公共交通路线

（1）205 路专线车

市委中心广场——明湖商场——体育中心——贵宾馆——少年宫——茂南区人民医院——计星加油站——环市南、西路——进园路——碧桂园——森林公园。首末班车时间：6：50~17:45。每隔 30~40 分钟一个班次。

（2）206 路专线车

沃尔玛——茂名报社——茂石化东区医院——富丽广场——市人民医院——少年宫——南方书城——河西车站——机修厂——东华岭——公镇路——碧桂园——森林公园。首末班车时间：6:40~ 17:30，每隔 30~40 分钟一个班次。

13．推荐行程

早上 9:00 入园——勇者之路 (户外拓展)——喂鱼——游乐广场——喂白鸽——中餐 (鸡粥)——烧烤——走趣桥。

罗定市龙湾云盖山森林公园

中文名称	罗定市龙湾云盖山森林公园
英文名称	Guangdong Longwan Yungai Mountain National Forest Park
地理位置	罗定市龙湾镇榕木村
占地面积	103.98hm^2
气候类型	南亚热带季风性气候
植被类型	亚热带常绿针阔混交林
森林覆盖率	90%
管理单位	广东省龙湾镇国合林场
公园级别	县级
著名景点	云盖顶、风车群、高山草地、红花荷林景观

1. 位置

罗定市云盖山森林公园位于龙湾镇距离罗定市市区西部约60km。临龙湾镇圩镇，涉及榕木、上赖村委，总面积为103.98hm^2。地理坐标为东经111°11′15″~111°12′00″，北纬22°36′45″~22°37′37″。

2. 气候

森林公园位于北回归线南侧，属南亚热带季风气候区，夏长无严冬，气温偏高，热量丰富，春秋暖和。雨量变幅大，温、光、热地域差异明显，干旱及倒春寒灾害较多。年平均气温22.2℃，极端最低温度为2.7℃，极端最高温度36.6℃。无霜期362天，全年平均日照率42%，年日照时数为1618小时，全年相对湿度在75%~86%之间。累计年降水量在1260~1600mm之间，平均值在1541mm左右，全年无降雪。

3. 地形地貌

森林公园地形为低山丘陵，属云开大山山脉，公园内主山脉自西向东延伸，支线山脊为南北走向、平行分布。最高峰为云盖山，海拔1251.1m，从山顶上可以看到龙湾圩镇全貌。

4. 植物资源

据初步调查统计，森林公园内有植物58科125属189多种。其中，蕨类植物12科18属27种；裸子植物2科2属3种；双子叶植物42科99属150种；单子叶植物2科6属9种。主要树种有松（包括马尾松、湿地松、火炬松、加勒比松、水松）、杉、落羽杉；其余为阔叶树，树种有枫香、红花荷、红椎、高山杜鹃、中华楠、中华杜英、大叶杜英、大叶桉、柠檬桉、尾叶桉、相思树（台湾相思、大叶相思、红豆相思）、木麻黄、银华、银杏、白千层、合欢、榕、樟、苦楝、赤黎、米椎、枫树、黄婆格、黄桑、黄心槁、石斑、柳、槐、枫、楠木、乌桕、鸭脚木、荷木、水翁、橡木、粗榧、柚木、梧桐、泡桐、黄桐木、酸枣、香椿、藜蒴、无患子、麻楝、重阳木（秋枫）、山牡荆、阴香、柞木、倒吊笔等。此外，还有很多灌木，如黄牛木、盐肤木、紫金牛、桃金娘、布渣树、金刚子、岗梅、鸟不宿、水杨梅等，更有2亿年前恐龙时代的植物桫椤树。

5. 动物资源

据初步调查，森林公园主要野生动物有25种。其中，哺乳动物4种，鸟类10种，爬行动物8种，两栖动物3种。常见的哺乳动物有：黄毛鼠、小家鼠、野猪、白鼻仔。鸟类主要有鹧鸪、啄木鸟、家燕、喜鹊、画眉、大山雀、鹩哥、相思鸟、麻雀、猫头鹰。爬行类主要有：壁虎、南草蜥、草游蛇、眼镜蛇、竹叶青、银环蛇、金环蛇、黑肉蛇。两栖类主要有：黑眶蟾蜍、沼蛙、虎纹蛙。另有活化石之称的珍稀野生两栖动物蝾螈。

6. 主要景点

（1）云盖顶

公园最高峰为云盖顶，海拔1251.1m。山中植被四季常绿，海拔高，山顶常年云雾缭绕，因此得名云盖山。有公路直通山顶，山顶有一块地势稍平坦的平台，用于停车休息。常有游客慕名来到山顶观看日出、摄影。

（2）红花荷林景观

红花荷又名红苞木，是公园内的主要阔叶树种之一，其嫩叶和花均为粉红色至深红色，观赏性强，是罗定地区广泛种植的乡土阔叶树种，具有良好的水土保持作用。

（3）高山草地景观

云盖山山顶有优良的高山草地资源，由于山体海拔较高，山顶气温低、干旱雨少，逐渐形成了独特的高山草地风貌，非常适合游客休憩、观赏拍照。

（4）风车群景观

公园山顶有风力发电的大风车群，沿着山脊线一字排开，范围广，气势宏伟壮观。在山脚很远的地方就能观看到山顶的风车，登上云盖顶更是可以一览无余，经常有游客来此拍照留影合照。风车叶片随风转动，趣味盎然。

7. 特色饮食

（1）罗定皱纱鱼腐

罗定皱纱鱼腐是罗定地区的传统美食。历史悠久，风味独特，是不可多得的美食，久负盛名。“罗定鱼腐”主要由鲜鲮鱼肉、淀粉、鲜蛋经油炸而成，营养丰富，软滑可口，甘香味浓，久煮不烂。老少皆宜。

（2）罗定豆豉

罗定豆豉以质地松软、芳香浓郁、适口开胃和营养丰富闻名于世。被广泛用作菜肴配料和宴席小菜。两广地区许多宾馆、酒楼都有罗定豆豉鸡、豉汁鸭、豉汁猪排等名菜供应，深受顾客欢迎。在罗定城乡，豆豉更是民间家常菜。

（3）龙湾凼仔鱼

龙湾多为山区，农田较少，当地的群众喜欢在屋边地头挖一口小鱼塘(广东话叫“凼仔”)，养殖鲩鱼，故称“凼仔鱼”。凼仔鱼用山中泉水养殖，用山上芒叶野草、木薯、番薯叶作饲料喂养，是纯绿色环保食品。一般养殖 2~3 年，每条鱼出产时都有 4~5kg，大的 7~8kg。这种鱼肥而多肉，肉质坚韧嫩滑，刺大易剔，且久煮不烂，没有腥味。宰杀后斩成块状，煮熟时放入酱油、黄酒、姜葱、豉汁、陈皮、五香粉等佐料，浓香扑鼻，味十分鲜美。

8. 地方特产

罗定市云盖山森林公园位于罗定市龙湾镇，主要土特产为肉桂、罗竹、八角、竹笋、水果等，品质优良。其中，金滩肉桂、罗镜镜菜、罗定豆豉、泗纶竹制蒸笼等久负盛名，美名远扬。

9. 餐饮设施

云盖山森林公园所在的龙湾镇有迎曦饭店、鸿运大排档、龙湾饭店等餐饮设施，为游客提供具有当地特色的风味大餐。

10. 住宿设施

公园附近的主要住宿设施为龙湾镇迎曦饭店旅馆，约有 50 张普通配置的床位可供游客使用。另外，在罗定市区有罗定国际大酒店、好莱湾酒店、雍颢苑大酒店、龙城大酒店等酒店旅馆可提供餐饮、住宿服务。

11. 购物设施

罗定市城区的购物场所齐全。

12. 娱乐设施

云盖山森林公园内暂无娱乐设施，但在罗定市城区有较多的娱乐运动场所。

13．自驾游路线

森林公园位于罗定市龙湾镇榕木村，距离罗定市市区约 60km，交通方便，从市区经省道 S352 线向西往信宜方向至龙湾镇（行程约 50km），转入县道 X481 线至龙湾镇榕木村（行程约 7km），再沿镇村公路至榕木村龙湾云盖山森林公园（行程约 3km），道路宽敞通畅，交通便利。

14．公共交通路线

罗定市市区汽车站有公共汽车直达龙湾镇，目前尚开通公园观光游览车接送游客业务。

15．推荐行程

云盖山森林公园一日游，早上 7:00 从罗定市区乘车前往龙湾镇，驱车上云盖山森林公园游览，9:00 到云盖顶，游览参观，11:30 下山在龙湾镇的餐馆用午餐，下午游览龙湾生态旅游区，后乘车返回罗定市区。

四、粤北地区

广东南岭国家森林公园

广东小坑国家森林公园

广东韶关国家森林公园

广东天井山国家森林公园

广东帽子峰森林公园

广东鹰扬关森林公园

广东坪田古银杏森林公园

广东南岭国家森林公园

中文名称	广东南岭国家森林公园
英文名称	Guangdong Nanlin National Forest Park
地理位置	广东省韶关市乳源瑶族自治县境内
占地面积	$27333hm^2$
气候类型	亚热带季风气候
植被类型	亚热带常绿阔叶林
森林覆盖率	98.2%
管理单位	广东省乳阳林场
景区级别	国家级
著名景点	广东最高峰、小黄山、亲水谷

1. 位置

南岭国家森林公园位于广东省韶关市乳源瑶族自治县境内。

2. 气候

森林公园地处属于亚热带季风气候，因为地势较高，地形陡峭，海拔高度差较大，因而具有较典型的山地气候特征。年平均气温约为 20℃，年降水量普遍在 1800mm 以上。每年 3~8 月为雨季，约占全年降水量的 80%，秋、冬季降水量较少。公园内的土壤以山地红壤、黄壤和山地灌丛草甸土为主。公园以山地丘陵地貌为主，由于海拔高度的变化，地表植被呈垂直分布：在海拔 700m 以下为低山常绿阔叶林，分布有杉木；700~1500m 为山地常绿林、针阔叶混交林，分布有广东松、长苞铁杉、福建柏、南方红豆杉等亚热带优良树种的中山针叶混交林；1500m 以上为山地矮林，分布有南岭箭竹、杜鹃。

3. 地形地貌

森林公园大地构造属华南台块的湘桂台凹。由于受古生代以来造山运动的影响，皱褶构造发育地层属泥盘纪砂岩和页岩，石炭纪及二迭纪的石灰岩、泥灰岩及白云岩。侏罗纪以后，由于强烈的造山运动而侵入大片花岗岩，在花岗岩体周围有变质岩、砂岩或石灰岩形成的山峰，比较峻峭。岩石露头很普遍，坡度一般在 35°~50° 之间，西部地貌以中山山地为主，海拔 1000m 以上的山峰有 30 多座，其中最高的石坑崆，是广东的第一高峰（1902m）。较高的山峰还有石韭岭（1888m）、八宝山（1839m）、五指山（1667m）和鱼苗岭（1619m）等。

4. 植物资源

森林公园所属的南岭范围内有野生高等植物 287 科 1262 属 3889 种，其中苔藓植物 60 科 153 属 351 种；野生维管植物 227 科 1109 属 3538 种，其中蕨类 46 科 112 属 363 种。种子植物 181 科 997 属 3175 种，包含裸子植物 7 科 11 属 19 种，被子植物 174 科 986 属 3156 种（其中双子叶植物 147 科 764 属 2605 种；单子叶植物 27 科 222 属 551 种）。其中国家重点保护植物有南方红豆杉、伯乐树、华南五针松等 33 种，珍稀濒危保护植物有长柄双花木、半枫荷、华南锥等 40 种。

5. 动物资源

公园有脊椎动物555种，隶属31目100科339属，其中，兽类9目25科71属98种；鸟类14目41科155属261种；爬行类2目13科49属94种；两栖类2目7科20属44种；硬骨鱼类4目14科44属58种；有昆虫2233种，其中蝶类397种，蛾类1252种，鞘翅目昆虫584种。国家重点保护动物有金斑喙凤蝶、云豹、黄腹角雉、蟒蛇、短尾猴等74种；列入中国濒危动物红皮书的有华南虎、豹、金猫、三线闭壳龟、莽山烙铁头等82种。

6. 主要景点

（1）广东最高峰景区——石坑崆

石坑崆看点：金蟾望月、云海、日出。

石坑崆海拔1902m，被誉为“广东屋脊”。山峰高耸入云，景色奇幻多变。山顶风光，四时不同。春季杜鹃嫣红，点缀群山，相映成趣；夏秋是日出日落最美的季节，不少摄影爱好者风餐露宿，只为抓拍那瞬间的奇景；冬季冰封千里，银装素裹，一派壮丽的“北国风光”，是南粤大地一奇景。

（2）小黄山景区——世界最大片“广东松”原始森林

广东松是一种生长在南岭悬崖峭壁地区的物种。广东松体态优美，公路旁的迎客松更是独具魅力。其松叶色彩随四季变换，春夏翠黄，寒冬则一片宝蓝色，故又名“蓝松”。

小黄山入口处，有一著名的“迎客松”。一年四季，它站在峭壁上舒展着好客的翅膀，笑迎各方游人，在冷峻苍凉的世界里显出蓬勃生机。小黄山海拔 1600m，顶峰乳峰。这里保存着世界上最大面积的广东松原始森林，空气洁净。在森林中穿行，在云海中流连，攀至顶峰，一览众山，豁然开朗。

（3）瀑布群景区——我国南部最大的天然瀑布群、广东负氧离子含量最高的地方、全国首批负氧离子高含量健康旅游示范景区

瀑布群是我国南部最大的天然瀑布群，数量、规模和海拔均为广东一绝。

水发源于广东第二峰发财岭（海拔 1888m），在落差近 500m 的深壑幽谷中跌宕而下，形成近百条大小不一的瀑布，负离子含量冠绝广东。其中孔雀瀑为南岭一绝，它宛若一只美丽的孔雀，娇媚的昂着高贵的头，拖着长长的屏花，向游人炫耀着它的美丽。瀑布群沿途绿树山花，更有短尾猴、松鼠及各色飞鸟游鱼生存其中，是一条一瀑一景、生机勃勃的峡谷长廊。瀑布群八大瀑布：千米瀑、孔雀瀑、飞流瀑、惊心瀑、虎口瀑、清心瀑、音韵瀑、双飞瀑。

（4）亲水谷景区——典型的壶穴地貌、岭南最美的水、心生归隐之地

亲水谷景区以“幽峡、碧潭、奇石”著称。景区内峭壁耸立，幽静深远，鸟鸣山涧，特别是春夏，野花开满山谷，蝴蝶翩翩，被誉为“情人谷”，犹如行走在花园里。秋冬，岭南槭、黄栌叶、山乌桕、广东松构成了一幅长长的彩色画卷。沿着石阶步道缓缓而行，偶闻一两声鸟鸣，悠然自得。亲水谷保存了最典型的壶穴地貌，是南岭的一大奇景。

亲水谷景区景点：海豚石、飞花潭、珍珠潭、九曲潭、青松潭、通幽峡、仙女潭、卧龙峡。

7. 地方特产

（1）瑶胞米酒

乳源瑶族同胞，普遍有酿酒、饮酒的习惯，招待“同年”（与汉族结拜的兄弟

姐妹）更是不可无酒，不醉不还，其中用糯米酿的米酒风味十分独特。瑶胞米酒清香甘醇，新酒呈乳白色，老酒呈淡绿色，酒精度一般不超过 10°。瑶胞米酒不经过蒸馏，含有淀粉等营养物质。

（2）南岭原浆啤酒

南岭啤酒屋现场精酿，现场品尝，由无杂菌感染系统酿制，未经过滤，不需高温处理，不加任何添加剂，以全麦芽酿造。因而口味新鲜，纯正，营养丰富，卫生更可靠。是真正原汁原味全天然啤酒，堪称啤酒精品。

（3）空气罐头

南岭的负氧离子含量是广东之最，特别是瀑布群景区的负离子含量，南岭是一个天然的氧吧。被评为“全国首批负氧离子高含量健康旅游示范景区”。广东最高峰空气罐头属于概念性旅游纪念品，其所含负离氧子可以消烟、除尘，改善空气结构，改善肺功能，改善心肌功能，促进新陈代谢，增强肌体抗病能力。

8. 餐饮设施

（1）避暑林庄温泉大饭店

内设中餐厅知味楼。

（2）橙屋餐厅

有南岭美味小吃山水豆腐花、灯盏糍、山坑螺、艾糍、猪婆菜包等。

9. 住宿设施

避暑林庄温泉大饭店，橙屋酒店。

10. 购物设施

南岭商业街，位于南岭游客服务中心正对面，地理位置优越。南岭商业街内有南岭地区各类土特产品，如灵芝、冬菇、腊味、乳源彩石、瑶山有机绿茶、根雕制品、空气罐头、虫草花等。

11. 区内交通

南岭国家森林公园内设景区公交车，在各停车场均可换乘。路线：南岭公园大门——亲水谷景区——瀑布群景区——小黄山景区。

12. 自驾游路线

（1）广州——京港澳高速公路（往北京、韶关方向）——途经乳源县城、南水湖——经“大桥，南岭国家森林公园”出口下高速右拐——直行见路牌“往五指山方向”——抵达公园门口。

（2）长沙——京港澳高速公路——经“大桥，南岭国家森林公园”出口下高速右拐——直行见路牌“往五指山方向”——抵达公园门口。

14. 推荐行程

（1）南岭小黄山景区——午餐——瀑布群景区——南岭商业街——行程结束。

（2）南岭广东最高峰景区——亲水谷景区——午餐——南岭植物园——南岭温泉——行程结束。

（3）南岭小黄山景区——午餐——亲水谷景区——南岭商业街——南岭啤酒屋——行程结束。

广东小坑国家森林公园

中文名称	广东小坑国家森林公园
英文名称	Guangdong Xiaokeng National Forest Park
地理位置	广东省韶关市曲江区小坑镇
占地面积	16700hm^2
气候类型	亚热带季风气候
植被类型	常绿阔叶林、常绿与落叶阔叶混交林、亚热带针叶林、亚热带针阔叶混交林、竹林
森林覆盖率	85%
管理单位	广东省小坑国家森林公园管理办公室
公园级别	国家级
著名景点	龙湖、龙斗斜峰、空洞子森林、大森林温泉、曹角湾古村落

1. 位置

小坑国家森林公园位于广东省韶关市曲江区小坑镇，距韶关市中心约 36km，距韶关市曲江区马坝约 27km、广州市 230km。公园外部交通便利，国道 G106 贯穿小坑镇，省道 S215 和省道 S344 贯穿整个公园。

2. 气候

公园所处的小坑镇地处粤北山区，地形复杂，山高林密，树木参天，四面群山环抱。小坑镇水力资源丰富，有大小溪（河）7 条。冬暖夏凉，年均温度 20℃左右，年降水量 265.8mm。全省唯一大水量含氡温矿泉。

3. 地形地貌

（1）地质

小坑森林公园属于南岭山脉南部，所处大地构造单元，位于南华准地台湘桂粤海西印支凹陷区，韶关凹褶断束内。森林公园内地层发育比较完全。由老至新依次由上元古界震旦系；下古生界寒武系、奥陶系；上古生界泥盆系、石炭系、二叠系；中生界三叠系、侏罗系、白垩系；新生界第三系、第四系组成。主要岩层有花岗岩、含粒石英砂岩、中细粒石英砂岩、泥质粉砂岩、长石英砂岩、细粒石英砂岩及粉砂岩互层、砂砾岩、砂岩等。

（2）地貌

公园地貌构造，属粤北拗陷，出露岩石主要为燕山期花岗岩，为晚古生代的地层；森林公园山峦起伏，高峰耸立，中低山广布，发育有中低山山地和丘陵。小坑镇地处粤北山区，是一个“九山半水半分田”的典型林区镇，四面群山环抱，地形复杂，沟洼地多，山高林密，树木参天。小坑镇东南高，西北低，东南系南岭山脉，呈东南至西北走向。公园最高峰为龙斗斜峰，位于公园东北部、与始兴县交界处，海拔高度为 1373m。海拔最低处为小坑水库，海拔高度为 160m；相对高差约为 1213m。

4. 植物资源

森林公园内植物种类有 162 科 216 属 772 种。许多地方尚未调查，估测全部调查完植物种类在 1600 种以上。公园植物资源相当丰富，观赏植物资源潜力很大。

公园内共有国家级保野生护植物 8 科 8 属 8 种（其中伯乐树为国家 I 级重点

保护野生植物，其余 7 种均为 II 级保护，占广东省国家重点保护野生植物 64 种的 14.06%，其中蕨类植物 1 科 1 属 1 种；被子植物 7 科 7 属 7 种。公园另有 8 种栽培植物属于国家重点保护植物，其中 I 级保护 3 科 4 属 4 种，II 级保护 4 科 4 属 4 种。

5．动物资源

公园有动物 137 种，其中兽类有 20 种，主要有貉、黄腹鼬、鼬獾、果子狸、红颊獴、豹猫、华南兔、隐纹花松鼠、豪猪、银星竹鼠、中华竹鼠、野猪、赤麂等；鸟类有 63 种，主要有鸻鹬类鸟类、小䴙䴘、池鹭、白鹭、鹧鸪、白胸苦恶鸟、珠颈斑鸠、小白腰雨燕、普通翠鸟、大拟啄木鸟、家燕、白鹡鸰、树鹨、红耳鹎、白头鹎、棕背伯劳、八哥、红嘴蓝鹊、鹊鸲、大山雀、暗绿绣眼鸟、麻雀等；爬行动物有 33 种，主要有乌龟、四眼水龟、鳖、变色树蜥、石龙子、蓝尾石龙子、王锦蛇、渔游蛇、翠青蛇、滑鼠蛇、水蛇、银环蛇、金环蛇等种类；两栖动物有 21 种，主要有黑眶蟾蜍、沼蛙、泽蛙、大绿蛙、斑腿树蛙、棘胸蛙、花细狭口蛙等种类。

所有动物中，被列入广东省级保护动物的有 16 种（含兽类 5 种，鸟类 7 种，爬行动物 2 种，两栖动物有 2 种）。

6. 主要景点

（1）龙湖

龙湖形如月牙，水平如镜，可以划船和垂钓。

（2）大森林温泉

温泉周围群山怀抱，春天雾锁，夏天浓阴蔽日，秋天红枫似火，冬天蒸气弥漫。温泉内有 2000 个席位可供客人旅游、疗养、度假之用。

（3）曹角湾古村落

曹角湾村是始创于清初的邓姓客家古村落，至今较完整地保存着村落的古朴风貌。邓姓家族民风淳朴，耕读传家，代有人材，至今传承的民俗文化和保存的部分牌匾可为佐证。

7. 地方特产

地方特产有小坑杨梅、莲花香橙、客家山水酿豆腐、韶关枇杷、韶关冬笋。

8. 住宿设施

（1）经律论国际酒店承袭传统的东南亚建筑风格，酒店楼高 6 层，建筑面积 30 284m^2，拥有各类客房 448 间，同时提供可容纳 100~150 人的会议接待室。

（2）莲花池生态园位于森林公园内，现酒店有住宿楼一幢，房间 60 套，可同时接待 120 人旅游度假或召开商务旅游会议。内配有餐厅、中小型会议室、莲花香橙生产基地、农家乐活动园等。

（3）住宿设施还有避暑林庄大酒店、橙屋酒店、温泉度假村、龙湖宾馆、龙湖别墅、鸳鸯村等。

9. 娱乐设施

（1）野营园地：为体现森林公园自然野趣特色，同时满足进行户外拓展人群的需要，龙王坑设有曹角湾古村落野营地。

（2）温泉疗养和游湖赏景。

10. 自驾车路线

（1）广州出发：京港澳高速(沙溪/乌石出口)——X317——G106——S251——广东小坑国家森林公园。

（2）韶关出发：大学路——X312(经大塘镇)——G106——S251——广东小坑国家森林公园。

11. 公共交通路线

先坐车到韶关汽车东站或曲江城区，再乘坐前往小坑的城镇小巴。

广东韶关国家森林公园

中文名称	广东韶关国家森林公园
英文名称	Guangdong Shaoguan National Forest Park
地理位置	广东韶关市浈江区
占地面积	2010.7hm^2
气候类型	亚热带湿润型季风气候
植被类型	常绿针叶阔叶混交林
森林覆盖率	89%
管理单位	韶关国家森林公园管理处
公园级别	国家级
荣誉认证	广东省森林生态旅游示范基地
著名景点	莲花山绿道、韶阳楼、华南虎园、瑶族风情园

森林景观

1. 位置

韶关国家森林公园位于韶关市浈江区境内，中心区地理坐标为东经113°36′02″，北纬24°46′51″。

2. 气候

森林公园所处气候属亚热带湿润型季风气候，年平均气温20.2℃，极端最低温–4.3℃，极端最高温41℃，年平均降水量1600mm，雨季长，霜期短。

3. 地形地貌

全园为低山丘陵地形，海拔60~494.8m，其中，最高峰皇岗山峰海拔494.8m，莲花山峰海拔254.8m。园内分布有松林、桉林、荷木林、彩叶林、针阔混交林等森林景观和绿道、韶阳楼、华南虎园等人文景观。

4. 植物资源

公园地被植物主要有野牡丹、岗松、芒萁、桃金娘等，乔木有马尾松、杉木、荷木、桉树、樟树、枫香、楝叶吴茱萸、红椎、木兰等115科316属420余种，森林蓄积量20.935万m^3，森林覆盖率87%。

5. 动物资源

公园内动物种类较为丰富，有鸟纲、哺乳纲、爬行纲、两栖纲动物27目76科266种，以鸟类为多。

6. 古代人文

公园莲花山景区的茶亭古道，是古代由东向进入韶关的必经之路，建有茶亭一座，茶亭一带留有众多石刻碑记，是清代曲江24四景“莲花樵唱”的所在地。另外，芙蓉山景区有建于明代的千年古刹——芙蓉山寺。

7. 现代人文

公园西面山脚处有国民革命时期北伐阵亡将士纪念墓地、纪念碑亭。

8. 主要景点

（1）莲花山

绿道在莲花山景区上山主道路和环山公路基础上按广东绿道标准建成，首期绿道 6.1km 于 2011 年 10 月 25 日完工，同时建成 3 个驿站和 1 个服务点，是 2011 广东国际旅游文化节韶关主会场“绿道游”的重要活动场地之一。

（2）韶阳楼

位于莲花山顶，建成于 2009 年 10 月，精美绝伦的五层仿唐宋风格古建筑，融北方的雄浑和南方的秀丽于一体。登楼远眺，韶城景色尽收眼底，是韶关新十景“莲峰览胜”所在地。

（3）华南虎园（原为韶关市野生动植物园）

沿公园登山主道上行约 500m 即到动植物园。该园始建于 2001 年，占地面积

200 亩，是一处集野生动物救护、休闲娱乐、观光、科普教育于一体的综合性旅游景点。内有粤北华南虎繁殖驯养基地，2010 年建成华南虎文化宣教中心。2010~2011 年华南虎繁殖驯养基地成功繁育华南虎 6 只，2011 年改名为华南虎园。园内树木葱郁、鸟语花香，人工与自然和谐统一，动物与植物天然共存。动物园区群猴嬉戏、百鸟翔集、猛虎下山、雄狮怒吼，标本馆展品琳琅满目，收藏有大熊猫等 100 多种珍贵物种实体标本。园内汇集了种类繁多的韶关乡土植物，每年 2~3 月，园中红花油茶花开满枝头，景色灿烂迷人。

（4）瑶族风情园

进入公园山门，左侧山谷隐约可见一座造型古朴的瑶族山寨，游客可进入山寨欣赏瑶族歌舞，观看瑶族宗教节目，体味博大精深的民间艺术。

9、特色饮食

森林烧烤、水库鱼、河鲜、本地土菜。

10．特色商品

冬菇、木耳、笋干、薯干、腊。

11．餐饮设施

凤翔山庄有各种特色美食，如姜葱炒鸡、山水让豆腐、山塘鱼、脆皮猪手、土香芋扣肉、红葱头煎土鸡蛋、无公害蔬菜等。是一家集养殖、种植、生产、销售、餐饮、休闲为一体的特色山庄，所有产品均为绿色食品。

12．住宿设施

（1）丛林山庄酒店

坐落于韶关森林公园，地处优越地段，空气清新，交通方便，距火车站、长途汽车站仅 3 分钟车程。

（2）龙园酒店

位于韶关国家森林公园旁，酒店周围环境优雅、交通便利，连接各条交通枢纽，如京港澳、广乐高速、韶赣高速公路，京广铁路、武广高铁等。距离市区仅 5 分钟车程。

13. 购物设施

韶关山宝土特产专卖店，方圆土特产，君临土特产，信和土特产行，朱记土特产平价店，越南特产。

14. 娱乐设施

山泉游泳池，森林烧烤场。

15. 区内交通

韶关国家森林公园大门口——瑶族民族文化村——盛桃园——万寿寺——古栈道驿站——韶阳楼—— 听涛驿站——华南虎园——韶关国家森林公园大门口。

16. 自驾游路线

京港澳高速——赣韶高速——韶关东出口——大学路——北江路——生态路——公园。

17. 公共交通路线

16 路公交车（韶关东站——公园）——韶关国家森林公园大门口——瑶族民族文化村——盛桃园——万寿寺——古栈道驿站——韶阳楼——听涛驿站——华南虎园——韶关国家森林公园大门口。

广东天井山国家森林公园

中文名称	广东天井山国家森林公园
英文名称	Guangdong Tanjing Mountain National Forest Park
地理位置	广东省韶关市乳源县天井山林场
占地面积	5564.10hm^2
气候类型	中亚热带温湿气候
植被类型	中亚热带常绿阔叶林
森林覆盖率	96.7%
管理单位	广东省天井山林场
公园级别	国家级
著名景点	生态长廊、广东屋脊

1. 位置

广东天井山国家森林公园地处南岭支脉五岭的南麓，韶关市乳源县的西部，距离乳源县京珠高速出口 38km。

2. 气候

森林公园内四季分明，林相季相变化明显，年平均气温为 21℃，最高气温仅 29.9℃，夏季气温比韶关市市区要低 3~8℃，夏夜需卷被入眠，是人们避暑休闲的胜地，不负“清凉世界、华南夏宫”之美誉。

3. 地形地貌

森林公园地处广东省最高的中山地形区域内，主要有中山、低山和丘陵 3 种地貌类型。地势西高东低，海拔 500~1700m。公园属晚三叠纪的粤北南岭山脉支脉——大东山花岗岩体。

4. 植物资源

天井山动植物资源极为丰富，森林层次众多，植物类型多样。据调查，公园有维管束植物 229 科 1052 属 3073 种，约占广东省已查明野生维管束植物总数（7055 种）的 43%，是名副其实的“植物基因宝库”。

5. 动物资源

森林公园也是广东省动物分布密度较大且具代表性的地区。据初步调查，主要有兽类 8 目 25 科 58 属 86 种，鸟类 217 种，两栖类 2 目 7 科 19 属 33 种，爬行类 74 种，鱼类 33 种，昆虫超过 1100 种。森林公园内不仅有世界上最神秘的鸟——海南虎斑鳽、最讨人喜欢的猴子——藏酋猴、广东省省鸟白鹇，还有云豹、野灵猫、穿山甲、水鹿、蟒等 20 余种国家重点保护动物。

6. 主要景点

公园规划有 8 个景点，目前对外开放的有：生态长廊、广东屋脊、天井山自然科学馆等。

（1）生态长廊

由铜锣飞瀑、生态瀑布群、桫椤、森林生态科普教育径和地质奇观豹纹石等景观组成，是开展森林生态科普教育和森林浴的主要场所。

（2）广东屋脊景区

位于公园西北部大顶山自然景观区内，是天井山原始森林、山地矮林、中华奇观云锦杜鹃最为集中和具有代表性的地区。

（3）天群寻幽谷

位于公园西片区的大顶山自然景观区内，距离林场场部 17km，由天瀑、百米瀑布、贵妃池、高山沙滩、天然次生阔叶林等景观组成。

7. 古代人文

（1）西京古道

“一骑红尘妃子笑，无人知是荔枝来。”经专家多方论证，为杨贵妃送去鲜荔枝的快马途径“西京路”，就是现在位于韶关乳源瑶族自治县境内的“西京古道”。另外，有专家称“西京古道”是古代路上丝绸之路和海上丝绸之路的交接点，在中国历史上起着至关重要的作用。公园境内的西京古道是现今保存最为完整的一段，直通南水湖底。

（2）秦汉古道

公园境内的秦汉古道是岭南文化的重要组成部分。秦汉古道至今还保留着古老的青石板和摩崖石刻，它的起源可追溯到秦汉时期，成为见证岭南与中原经济文化交融的珍贵历史遗迹。

（3）西华寺遗址

有歌谣唱曰：“西华寺的柱，南华寺的庙”。历史上，广东省境内的西华寺与南华寺同源，并有着比其更久远的历史，后因战火焚毁。如今，坐落于广东天井山国家森林公园内的西华寺遗址静静地向世人诉说其昔日的辉煌。

（4）阿婆庙遗址

坐落于广东天井山国家森林公园境内的畲族阿婆庙已有 100 多年的历史。传说阿婆庙极为灵验，吸引着许多善男信女前来，香火鼎盛一时。然而，昔日门庭若市的阿婆庙渐渐成了断壁残垣，铸钟尚存农家，等待着人们解密。

8. 现代人文

（1）小水电站

散布在公园大小河流两侧的小水电站可作为相关院校水力发电专业的实习基地和绿色能源科普推广基地。

（2）722 差转台

广东省广播电视局 722 差转台 84m 高的发射铁塔，像一把利剑刺向蓝天，劈云斩雾，极为壮观。房顶和铁架上大大小小的锅型微波天线像一双双人类探寻宇宙奥秘的眼睛，向四面八方扫视，形成独特的景致。洁净的机房内调频转播和电视信号处理设备排列整齐，每天 24 小时不停地运转，可作为学生学习无线电知识、增加对电视转播感性认识的第二课堂。

9. 特色饮食

菜式以当地农家菜为主，食材更是就地取材——林间野菜、菌类、走地鸡、农家猪、水库鱼和时令绿色有机蔬菜等。特色菜肴有农家白切鸡、山坑鱼、五花肉炒苦笋、爆炒虎杖、客家山水豆腐等。

10. 地方特产

野生蜂蜜、灵芝、铁皮石斛、冬菇、木耳、绞股蓝等。

11．餐饮设施

农家乐饭店 10 间，餐位 640 个。

12．住宿设施

云锦山庄坐落在公园中心区，是一处集餐饮、住宿、会议接待于一体的三星级酒店。设施完善，设有床位 82 个，餐位 140 个，大、小会议室各一个。

13．购物设施

购物店有 10 多间，特产店 5 间。

14．自驾游路线

走京珠高速，在乳源出口下，走 323 国道，经东坪镇（南水湖）、白竹电站、大峡谷路口、洛阳镇到广东省天井山林场。

15．公共交通路线

在韶关市西河汽车站乘坐韶关——乳源的班车（票价：11 元 / 张，车程 45 分钟，每 10 分钟发一趟车，到下午 19：00 停开），在乳源新车站下，转乘乳源——坪溪的班车在广东天井山国家森林公园下即可（票价：11 元 / 张，车程 45 分钟）。

16. 推荐行程

（1）森林生态科普二日游

天井山自然科学馆——生态长廊景区（A 线）——广东屋脊景区——粤凰生态农业科技园（林蛙基地）。

（2）森林生态休闲一日游

天井山自然科学馆——生态长廊景区（B 线）——粤凰生态农业科技园（林蛙基地）。

广东帽子峰森林公园

中文名称	广东帽子峰森林公园
英文名称	Guangdong Maozifeng National Forest Park
地理位置	广东省南雄市帽子峰林场境内
占地面积	790.7hm^2
气候类型	亚热带雨林气候
植被类型	原生性森林植被
森林覆盖率	95%
管理单位	广东省帽子峰林场
公园级别	省级
著名景点	岭南九寨沟、黄金大道、银杏湿地

1. 位置

帽子峰森林公园位于东经 114°06′08″~114°11′01″，北纬 25°15′20″~25°18′57″。

2. 气候

森林公园内为亚热带雨林气候。

3. 地形地貌

森林公园所处区域为峡谷、岸滩、象形山石、独峰、湿地。

4. 植物资源

有维管束植物 187 科 617 属 1267 种。

5. 动物资源

有陆生脊椎野生动物 4 纲 23 目 58 科 173 种。

6. 主要景点

岭南九寨沟、黄金大道、红枫湖、踏青赏花、浪漫小镇芳坑景点。

7. 特色饮食

饺俚滋、酸笋鸭、酿豆腐、炒石磥、板鸭、腊肠、白果煲老鸭、梅岭鹅。

8. 特色商品

白果、冬笋、笋干、板鸭、腊肠、米花糕、香芋片、花生饼。

9. 餐饮设施

可同时接待约 3000 人次。

10. 住宿设施

可容纳约 700 人 / 天。

11. 购物设施

广东帽子峰森公园服务中心。

12. 娱乐设施

篮球场、羽毛球场、乒乓球场、图书室、广场场地、水上乐园。

13. 自驾游路线

韶赣高速全安出口——沿富芳线——帽子峰森林公园。

14. 公共交通路线

公交车：南雄市区至帽子峰。

15. 推荐行程

踏青赏花——亲水避暑——秋赏银杏——冬泡温泉。

广东鹰扬关森林公园

中文名称	广东鹰扬关森林公园
英文名称	Guangdong Yingyangguan National Forest Park
地理位置	广东省西北部连山县连山林场境内
占地面积	746.40hm^2
气候类型	中亚热带季风型气候
植被类型	常绿阔叶林、常绿阔叶矮林、常绿针叶林、山顶灌丛草坡、木本果林
管理单位	广东省连山林场
公园级别	省级
著名景点	金子山、鹰扬关

1．位置

鹰扬关森林公园地处南岭萌渚山脉之中，境内多山，具有奇特的地质地貌景观，以金子山最为出名。

2．气候

鹰扬关森林公园属低纬度中亚热带季风气候区，具有日暖夜凉、夏热冬冷、雨热同季、干湿分明、严冬期短、无霜期长、春寒明显、降水量充沛的特点。年平均降降水量 2393.4mm，气候湿润，多年平均气温 18.8℃，年平均湿度为 82%，年无霜期 268 天，年平均日照 1469.7 小时，年平均太阳辐射量为 99091.5cal/cm^2。

3．地形地貌

森林公园所处山系属南岭山脉的余脉。地质构造上属华南褶皱带，属于华夏古陆和杨子古陆的华南台地，海漫盛期的泥盆纪，中生代以来，经历多次激烈的华南台地上升，使原各地质时期沉积的地层褶皱断裂，并伴随大规模的花岗岩入侵。其岩性则由山顶向外分别为中细粒斑状花岗岩和砂岩（中细粒砂岩、泥质砂岩）。

公园东片区属中低山，西片区以丘陵地貌为主。东片区群峰矗立，地势陡峭，海拔 1000m 以上的山峰有 20 多座，最高峰芙蓉顶 1435.7m，为公园最高峰，西片区最低处位于鹰扬关电站 231.2m，两个片区高差达 1200m，山地坡度多在 25°~50° 之间，个别地段达 60° 以上，地势起伏大，地形地貌复杂多样。

4. 植物资源

森林公园地带性植被是中亚热带典型常绿阔叶林，群落组成成分以壳斗科、樟科、山茶科、金缕梅科、木兰科等常绿树种为优势树种。由于植被保存较完好，森林公园植物种类丰富，现有维管植物 136 科 335 属 493 种，其中野生维管植物 133 科 318 属 466 种。在野生维管植物中，蕨类植物 17 科 22 属 30 种，裸子植物 4 科 6 属 9 种，被子植物 115 科 307 属 454 种。公园有国家Ⅰ级重点保护植物 1 种（伯乐树）；国家Ⅱ级重点保护植物 5 种（金毛狗、樟树、花榈木、伞花木、喜树）。

5. 动物资源

公园境内山高林密，森林植被覆盖率高，气候适宜，生态状况优良，为野生动物的栖息、繁衍创造了良好的自然条件。公园内属国家重点保护的动物有 11 种，其中国家Ⅰ级保护动物有黄腹角雉和蟒蛇，国家Ⅱ级保护动物有穿山甲、白鹇和虎纹蛙等 9 种。

6. 主要景点

（1）鹰扬关

位于粤桂交界处，建于盛唐时期，原称厓（ya）鹰关。鹰扬观日为连山八景之

一。关内关外群峰耸立，山环水绕，峰回路转，尤以形胜著称。鹰扬关，地势险要，且为广东广西界关，历史上是历代兵家必争战之地，宋有岳飞经此关追剿曹成，清有太平天国翼王石达开在此激战3天3夜，民国有红七军过关扎营并进行革命活动。现关内保存有古关城堡、古城墙、战壕、碉堡（两个）、铁索桥等古迹，为市国防教育基地和爱国教育基地。

（2）皇后峰

据《明史》记载，明孝宗生母李唐妹，是连山永和镇人。因为有皇后的传说故事，金子山也有了堪称中国一绝的天然人体山体景观“皇后峰”。人体山体景观“皇后峰”相传为明孝宗生母、大明皇太后李唐妹化身山脉永远躺在故乡的怀抱中。景区内现存有皇后井和明朝摩岩石刻。皇后井泉水甘甜，传说有美容功效，用之洗脸沐浴，具有美白嫩肤的作用。在山下可以看到，皇后峰形似人首，五官俱全，形态栩栩如生，身材饱满丰实、修长美丽。

（3）仙翁醉酒

“仙翁醉酒”是与“皇后峰”相对应的人体景观。相传公园所处地连山历来风调雨顺，国泰民安，青山绿水，物产丰饶，老百姓丰衣足食。著名的金子山更是人民喜欢去的地方。山间泉林飞瀑，树木葱茏，非常适合踏青郊游，探险猎奇。

（4）通天天梯

金子山半山腰有一段长500m以上、坡度80°、2000多级的天梯，几乎垂直悬挂在山上。天梯是传说中的金子山“仙凡分界点”。传说天梯下面是凡间，天梯上面则是仙界。当年蕉福就是走过天梯，进入仙界。天梯几乎垂直挂在山腰上，山势险峻，人需一步一叩首才能攀登上去，天梯周围经常云雾缠绕，乱云飞渡。走过天梯，就有到了“仙界”的感觉，仿佛上天庭参加“群仙会”。

（5）春风桃花

“人间四月芳菲尽，山寺桃花始盛开”。金子山拥有美丽的山桃花景观。平原地带的桃花开花时间在春节前，金子山桃花开花时间则在春节后。金子山桃花沿登山小径而种，有淡红的碧桃、深红的降桃、粉红的寸桃、晶莹如雪的白桃。每到春节后的二月天，红的、粉红、洁白的花朵开得漫山遍野，交织在绿色的原野，淡淡的花香扑鼻而来。桃之夭夭，灼灼其华，漫山遍野，灿若红云，娇似彩霞，姹紫嫣红。

（6）金子山杜鹃

金子山是广东著名的“映山红”（山杜鹃）观赏景区，面积有几百亩，分布在半山腰与山顶。“金子三月杜鹃来，一声催得一枝开。最惜杜鹃花烂漫，春风吹尽不同攀”。每到杜鹃花开时，整座金子山花影重叠，花姿绝艳，灿若云锦，令人眩目，枝叶相交，望之若霞，染得群山重峦春光火红、灼热。满山满谷，红色、粉色此起彼伏，如海浪翻腾，铺铺展展，烂烂漫漫地绽放着，千枝万朵在献媚，密密丛丛在舞蹈，在风中泼泼辣辣的摇曳着，浓浓烈烈的张扬着。“何须名苑看春风，一路山花不负侬。日日锦江呈锦样，清溪倒照映山红”。这样的杜鹃美景，“除却金子何处有”。

（7）金子山雪景

金子山有南方少有的冰雪资源，冬春两季年年降雪。隆冬及初春季节，金子山漫山遍野均成雪原，银装素裹，风飘雪舞，犹如天女散花。漫天的雪飘混沌了天地，浪漫了人间。雪压寒枝低，风捲林木啸，万籁寂静只闻雪。柳宗元写的雪天：“千

山鸟飞绝，万径人综灭。孤舟蓑衣翁，独钓寒江雪”在金子山得以重现。

（8）金石真情

“当年小青上山寻找蕉福感动了仙人，仙人帮她劈开挡路山峰，帮助小青找到了蕉福。”现在这个景观在山上依旧可见，一巨石裂开两边，只供一人行走，无比神奇。看着如此天然奇景，人们不禁为“小青对爱情的执着而感动”！人世间若有这等执着，又有什么困难是克服不了的呢？正如古人所言：“盖世之奇伟瑰怪非常之观，常在险远，而人之所罕至焉。”

（9）山楂花

看过张艺谋的电影《山楂树之恋》的人，都记得那一树美丽的山楂花。金子山也种了几百亩山楂花，形成了广东鲜有的山楂花景观。每到春季，桃李初谢，玉兰初绽的时候，山楂树也争相开放，满星星白溹，草香系兰幽，叶翠衬芳华，清风微拂，婷婷玉立，小巧玲珑，晶莹剔透。像桃花，但没有桃花擦脂抹粉的娇态；像梨花，但没有梨花苍白无力的病态。洁白无瑕的山楂花瓣，娇美而不妩媚，高雅而又朴素。

（10）流云飞瀑

金子山半山腰有一挂飞瀑，水从山顶的乱石堆中飞流直下，几十米高，水花飞溅起来，象纷纷扬扬的细雨，在空中飘洒，瀑布激起的水花，如雨雾般腾空而上，随风飘飞，漫天浮游，形成了金子山远近闻名的“流云飞瀑”奇景。

瀑布从崇山俊岭中走来，在山间的峭壁上，奔流而下，飞落人间织成一条条白色的光带，在阳光照射着的岩石边上溅起 如同一阵阵眩目的烟花，形成了“金山瀑布遥相望，回崖沓嶂凌苍苍。今古长如白练飞，一条界破青山色”的美景。

（11）情人连心石

当年蕉福与小青一抱千年，一拥千年，他们的身影就定格在金子山巅，成为了坚贞不渝、生死相依爱情的经典与诠释。蕉福石张开双臂紧紧地抱着小青石，小青羞红了脸，将头深深地埋在蕉福的胸前。两人单手相握，紧紧相依。情人连心石成为今日年轻情侣心目中的爱神，常常有青年男女来此奉拜、许愿，保佑自己的爱情天长地久、幸福美满。

（12）低头石

古语有云：人生于世，何处不低头；人在屋檐下，不得不低头。在金子山就有一块低头石，一块重达百吨、直径超过 5m 的大石头像一个锅盖一样，牢牢地扣在登山路上，游客经过，不得不低头匍匐而过。低头，并不意味着顶礼膜拜或是逆来顺受；少一点傲气，并不意味着要放弃做人的骄傲。相反，这能体现出我们的气度与修养。因此，人生需要谦虚，需要礼让，需要低头！会低头的人懂得蓄势待发，他们深知，只有蹲得越低，才会跳得越高。

（13）云海蓬莱

金子山拥有云海蓬莱仙境。金子山群峰叠嶂，形态各异，以奇松、怪石、云海、竹林、冰雪、雾凇而著称。每到春秋两季，金子山顶经常会出现云海奇观，瑰丽壮观，变幻无穷。云海或聚散山顶，排山倒海；或卧浮少动，五彩璀璨。故有“天上神仙之宅，地下皇后之府”之说。云海飘在高度 800~1200m 高海拔之内，漫天的云雾和层积云，随风飘移，时而上升，时而下坠，时而回旋，时而舒展，构成一幅奇特的、千变万化的云海大观。山间云雾随轻柔的山风起舞，片刻成云，围绕身边。同行的人瞬间不见人影，被轻柔棉絮一样的云海包围，沉没在白雾之中……山间林岚飘浮，雾雨迷朦，如入仙境，忽隐忽现。脚下的山峰都被白茫茫的云海笼罩着，而如烟如

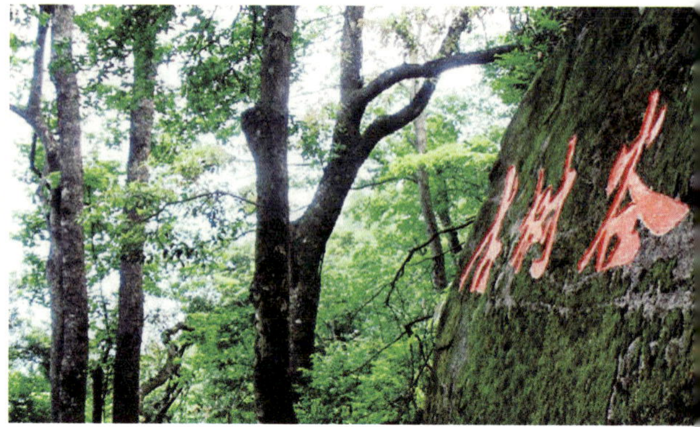

雪的白云在千峰万壑间，在黛青色的山峦映衬下，更是波澜起伏、浩瀚似海、宏伟壮观。“山行本无雨，空翠湿人衣”，人亦有了轻飘飘“飞仙”般的感觉。

（14）奇石松涛

宇宙造化孕育久，日月山河写华章。奇石半蹲山下虎，长松倒卧水中龙。金子山上拥有岭南罕见的奇石奇观，包括皇后石、仙翁醉酒石、美人石、飞鸟石、仙童石、情人连心石、棋盘石等，松生青石上，泉落白云间，奇石构成了金子山独特美丽的自然风光。仁者乐山，智者乐水，仁智者乐石也，游客在金子山赏石品石中，感受到祖国山河的壮丽，享受到生活的美好，品味着壮瑶文化。

（15）金子山洞

传说，孝宗皇帝当年赠予了大量的金银财宝给母亲李皇后家乡人，家乡人担心动乱年代，财宝放在家中不安全，就将财宝藏在金子山的山洞里，金子山也就有了财宝山之称，金子洞也由此而来。金子洞位于天梯顶端，也就是“进入仙境处”，洞口高近 2m，宽 5m 左右，洞口已经给石头牢牢地封住，金银财宝就藏在里面。据说是由于山势崎岖，人们无法打开洞口，取不到里面的金银财宝。也有传说是瑶家先人藏这批财宝时留了密语，只要念对密语，山洞门就会自动打开。由于年代久远，密语已经无人知道了，所以这笔财宝永远封存的山洞里。

（16）聚仙阁

当年仙公翁与蕉福下棋的地方叫聚仙阁，现在还完整地保留在山顶。当年，小青来的时候，蕉福一阵惊喜，不料把棋盘也弄翻，满地棋子落在山间化为奇石，形成“星罗棋布”的奇景。聚仙阁里，异景奇花，山崖锦砌，丹山碧树，青翠乔松，非凡玉宇，琼宫天外，麟凤悠游。神仙宝座，紫气漫漫，东为“大龙山”仙翁宝座，南为“大雾山”仙子玉椅，西为“皇后山”仙娘金莲，北是“芙蓉山”仙姑楼台。

（17）丹凤朝阳

从山下拾级往上攀登，走过茂密的毛竹林，就步入了奇石密布的奇石景观。山路石级依山势而建，清幽奇险，时缓时陡，曲折迂回。正如欧阳修在《远山》一诗中所写："山色无远近，看山终日行。峰峦随处改，行客不知名。"只见松破石而生，傍崖生长，针叶粗密，顶平如盖，乾曲枝虬，苍翠挺拔，令人称绝。金子山众多奇石中，还有一块丹凤朝阳石。一只金凤凰落在一块巨石上，安静地欣赏远方的风景。凤凰由三块石头组成，分别构成头、身与尾巴，栩栩如生，惟妙惟肖，三块石头看起来是分开的，其实又是紧紧连在一起的。《诗经·大雅·卷阿》所写的"凤凰鸣矣，于彼高冈。梧桐生矣，于彼朝阳。"在金子山得以重现。

（18）壮家竹海

来到金子山，从山脚而上攀登时，要经过一片毛竹林。毛竹林具有壮家竹乡特色，毛竹茂密挺拔，青翠欲滴，直上云霄。一年四季翠绿，不与群芳争艳。细细的叶，疏疏的节；雪压不倒，风吹不折。一到春天，春笋满山谷，竹笋像初生的黄犊角，十分诱人，尤其是场春雨过后，春笋个个冒土而出。在这个季节，游客可以在竹林里体验挖春笋的乐趣。

（19）古树谷

金子山浸水成溪，泉水汩汩，涧水潺潺，古木葱茏，松杉拥翠，枫柏染红，修竹盈绿，奇花漫岭，美景如画，形成了完好的原始森林群落，珍稀的野生动植物资源。古树谷内古树参天，郁郁葱葱，翠竹连绵，这里负离子含量极高，堪称高山森林氧吧。景区内有莎椤、伯乐树等珍稀濒危野生植物 10 多种；有穿山甲、娃娃鱼

等珍稀濒危野生动物 20 多种，是一座天然的物种宝库。

（20）梯田风光

登上金子山顶往下看，层林尽染、松涛阵阵、连片丰收在望的梯田一览无余。壮族小寨与梯田一览无遗、尽收眼底。傍晚时分，落日下的云海如火红的浪在翻滚，煞是壮观。白云绕山间，山云托梯田。碧绿饰田埂，池水只映仙。梯田雄姿展，高耸与天沾。

7．地方特产

货满山冈，物产富壮乡。连山壮瑶自治县境内峰峦林立，溪涧纵横，地势高峻，总面积的 87% 为山地，古有“九山半水半分田”之称，森林覆盖率达 84.5%，居广东首位。盛产沙田柚、大肉姜、松香、淮山、冬菇、茶油、蜂蜜、香粳、竹笋等，其中大肉姜久负盛名，连山因而被誉为“广东生姜之乡”。主要土特产品有：连山沙田柚、连山梅洞肉姜、连山太保白果、连山瑶家黑米、连山百花冬蜜、连山笋干。

8．餐饮设施

“夜半酣酒江月下，美人纤手炙鱼头”“扬州鲜笋趁鲥鱼，烂煮春风三月初”“惟有莼鲈堪漫吃，下官亦为啖鱼回”“家家户户剥春笋、白菜青盐糙米饭，瓦壶天水菊花茶”。这些诗词写的都是壮瑶风情美食。

游客来山寨，美食待客人。热情好客，是壮族人民的良好品质。有色、味、香俱全的五色饭、糍粑、油堆和沙糕；有外形奇特的各种粽子；壮族男子喜欢饮酒，并以酒招待客，凡有宾客临门，主人先敬上一杯甜酒。瑶族是一个崇尚礼仪的民族，瑶族同胞淳朴善良、热情好客，重交谊、爱故乡、耻乞讨、巧酿制，成为连山瑶族热情谦和的一种礼仪文明。“进屋即是客”是连山瑶族人民世代沿袭下来的古朴民风。在山里，不管你从哪里来，不管认识与否，只要进了屋，把随身的物件往主人板壁上一挂，主人就会敬烟献茶，整酒做饭，把你当客人款待。在酒桌上，假若说话投缘，意气相契，还能结下诸如“老庚、老同、老伙计”之类的一门亲戚。

9. 住宿设施

体验壮瑶风情，欣赏明月清风。正在建设的壮瑶风情民俗村不仅是一个特色酒店项目，还是壮瑶建筑文化与民俗文化传承地。青山绿水之间，一栋栋木楼，构成独特的风景图，这就是金子山壮瑶风情村。人字瓦顶、翘檐、彩色装饰等瑶族建筑元素，充分体现建筑风格上。房间通风明亮，居住舒适。厅后为火塘，以泥筑成。风情村加入瑶族长鼓的民族元素。同时根据瑶族群众好歌舞、善歌舞的特点，在村内建成耍歌堂坪、文化广场、娱乐场所，用于表演瑶族篝火晚会，展现瑶族风情。

入住风情村，不但可以享受休闲、安静、慢慢腾腾的度假时光，享受着高负离子，枕着松涛入眠，听着鸟鸣起床；而且可以充分感受体验瑶族古排的建筑特色，看到壮瑶人家勤劳的双手，日出而作、日落而息的勤劳与勇敢。看到壮瑶人民纺棉、织布、编织、刺绣、制作银器，对唱山歌，跳传统舞蹈。

10. 购物设施

公园已经建成的主要购物设施为金子山山货店，面积 110m^2，售卖各种连山山货、绿色食材，是旅游团定点购物中心。另有商店 3 间，分别位于四号停车场、五号停车场、天梯脚，主要出售饮用水、饮料、包装食品、遮阳挡雨设施等，既方便游客，又给景区带来了收入；壮瑶小食店 1 家，位于游客接待中心门口，主要经营壮瑶特色小吃。

11. 区内交通

景区内交通十分便利，景区大门口有直通禾洞达江华县 X400 乡道，为方便游客登山游览公园，已开通从山脚直达登山入口的观光车道。整条路段采用砼结构，路面进行硬底化施工结构，车辆可直接到景区 5 号停车场，进入登山入口。从山脚到通天顶，已修凿与铺设登山步道，步道两边在陡峭路段增设围栏，确保游客的人身安全。山上设有摄影爱好者的观景台、人行拱桥。

12. 自驾游路线

（1）广州到金子山自驾车路线

从广州市出发，走北二环到广清高速，行驶60km到清远，走清连高速，行驶168km至连南出口，走323线，行驶约30km到连山县城，往广西方向，行驶8km转入X400线，行驶12km到达金子山景区。

（2）广西到金子山自驾车路线

从广西贺州市出发，走323线往广东方向，行驶80km，转入X400线，行驶12km到达金子山景区。

广东坪田古银杏森林公园

中文名称	广东坪田古银杏森林公园
英文名称	Guangdong Pingtian Ginkgo National Forest Park
地理位置	广东省南雄市坪田镇境内
占地面积	906.2hm^2
气候类型	亚热带季风湿润气候
植被类型	亚热带常绿阔叶林
森林覆盖率	87.43%
管理单位	广东省南雄市坪田镇人民府
公园级别	省级
著名景点	坳背古银杏群、冯屋祠堂、军营寨日出

1. 位置

广东坪田古银杏森林公园位于广东省东北部的南雄市坪田镇境内。森林公园地理坐标为东经 114°38′27″~114°42′35″，北纬 25°6′43″~25°9′25″。

森林公园范围主要包括坪田镇行政区域内的老宅、新墟、迳洞、坪湖、坪田、龙头 6 个村委会内的部分林地和坳背、军营寨、冯屋 3 个村小组的非林地，规划总面积 906.2hm^2。其中，北部为坳背景区，面积为 269.6hm^2，包括新墟、坪田和老宅三个村委会的部分区域；东部为冯屋景区，面积为 488.8hm^2，包括迳洞村的老屋（冯屋）、新屋和邓班围等村小组的区域以及龙头村委会部份林地；南部为军营寨景区，面积 147.8hm^2，包括坪湖村委会的坪岗、老村、军营寨等村小组区域。

2. 气候

森林公园所处区域位于亚欧大陆东南缘，在北回归线北侧，属亚热带季风湿润气候区，具有四季分明、冬短夏长、秋季过渡快的特点。冬半年受大陆冷性高压控制，气温较低，寒冷少雨，多霜冻、冰冻天气出现，历年平均最低气温皆为 1 月，盛行东北风，具有大陆性气候特征。夏半年受副热带海洋天气系统影响，盛行西南风，加上南雄地处赭土盆地，具有气温较高、热量充足、降水量颇丰的偏海洋性气候特点。

公园所在县域年平均气温 19.6℃，夏季平均气温 26.7℃，最热月份为 7~8 月，极端最高温 38.4℃，冬季平均气温 11.5℃，极端最低温 –6.2℃。冬季偶有霜冻，年平均霜冻期为 18 天，无霜期 300 天以上。森林公园地处山区，各项气温指标比县域平均值低 3~4℃。

公园所在县域多年平均日照时数 1825.7 小时，光照多年平均太阳辐射为 111.67kcal/cm^2。公园所在县域年平均蒸发量 1200mm，平均相对湿度 70%，平均最大风速 17m/s。公园森林茂密，年平均相对湿度为 80%。

公园所在县域年平均降水量 1555.1mm。总降水量充沛，但各月分布极不均匀，多集中在 4~6 月，总降水量达 717.3mm，占全年降水量的 46.1%。8~10 月为干旱期，占年降水量 20% 左右。在降雨的地理分布上，森林公园所在的坪田镇位于南雄市东北部，区域总体地势较西北部平缓，因此，降水量相对较小，年均降水量在 1400mm 左右。

3. 地形地貌

公园地形复杂，山脉主要为西北至东南走向，海拔在 300~800m 之间，群山连绵，丘陵起伏，形成雄浑的低山丘陵景观。公园内地形包括低山、丘陵和谷地。低山地形主要分布在船头埂、洪泰山一带，最高峰洪泰山海拔 715.9m，高楼井海拔 664.8m。丘陵地貌在公园内分布广泛，在军营寨和坳背村均以丘陵地貌为主，山地坡度较缓，一般在 25°~35° 之间，由连绵不断的低矮山丘组成地形特点。谷地海拔一般在 300~400m，主要由河流切割形成，谷地宽浅，土壤较为肥沃，是村宅和农田的集中分布区域。

4. 植物资源

（1）针叶林景观

森林公园针叶林是森林公园分布最广泛、面积最大的植被类型，主要分布在森林公园的东部和北部，主要为杉木 + 马尾松—芒萁群落。群落层次结构简单，组成种类较少，乔木层为单一的杉木和湿地松，偶伴生有鸭脚木、荷木、枫香等阔叶树种，林下一般只有芒萁草本层片，局部地段伴生有桃金娘、鬼灯笼等稀疏灌木。杉木林外观整齐，植被苍翠，每当山风吹过，发出沙沙的声响，在山谷间回荡，涛声阵阵。

（2）针阔混交林景观

主要分布于立地条件较好的沟谷和山脚。针阔混交林主要为杉木林长期演替过程中，一些阔叶树种侵入发展而形成的次生阔叶混交林，是介于杉木林与常绿阔叶

林之间的过渡性类型，优势种以杉木、湿地松、木荷、鸭脚木为主，在灌木和草本层中，含有众多的乔木幼苗，常见有木荷、鸭脚木、山乌桕、黎蒴、山杜英等。在不遭受人为破坏的情况下，这类群落将经向常绿阔叶林方向演替。由于森林植被以阳性常绿树种为主，马尾松生长优势明显，从而形成林冠波浪起伏、植被色彩苍绿的森林景观。

（3）竹林景观

在森林公园内分布较广，在坳背、冯屋和军营寨等村宅旁和山脚林缘较为集中，主要品种包括毛竹、撑篙竹、甜笋竹和青皮竹等。竹林四季长青，枝叶茂盛，鞭根发达，亭亭玉立，既有很好的截留降水、涵养水源、保持水土的功能，又有良好的景观价值。

（4）坪田千年古银杏群

南雄市坪田镇气候温和，是银杏理想和天然的生长地，银杏在此生长繁殖已逾千年。公园内现有银杏树 1000 多株，树龄最长的有 1100 多年，树龄最短的也有 200~300 年，形成南雄的特色景观——古银杏群落景观。到了秋天，银杏叶变得金黄且撒落地面，“银杏染秋”景观名闻遐迩，深受摄影爱好者喜爱。主要景点有汪汤、坳背、姜塘、迳洞、冯屋、军营寨等古银杏集中点。“银杏染秋”观赏时间从 11 月中旬开始至 12 月中旬，每年这个时候，古银杏树上树叶染黄，飘落地上，一片金黄，每年吸引游客数万人次。在坪田镇坳背村，有一株 1100 多年的银杏树，树高达 20m，树冠面积超过 600m^2，胸径约 8m，需要 5~6 个成年人手拉手才能将其合围，被称为“银杏王”。

（5）坳背风水林景观

在坳背村后面，保存着一片面积约 $2hm^2$ 的风水林，林中除了银杏古树外，还有其他 10 多种乔木，其中百年以上的古树有 20 多株，包括国家Ⅱ级重点保护树种香樟，以及其他古树，包括枫香树、木荷、枳椇（拐枣）、椤木石楠、板栗、马尾松等，最大的一棵香樟树直径 1.4m，高近 20m。树内数量最多的乔木是马尾松，平均胸径达 46cm，平均高度达 32m。这片树林长得郁郁葱葱，到冬天银杏叶子黄了的时候，在一片葱绿的树丛中，更衬托出一片金灿灿的世界，是人们平时休闲的好地方。

（6）古树名木景观

① 阳元银杏

银杏树，树龄约 1000 多年。此树分枝较低，从近地面几十厘米处开始发出十几个分枝，最大的一枝粗 78cm，全树高近 20m，冠幅超过 $600m^2$。

② 拐枣王（枳椇树）

拐枣中文名枳椇树，公园冯屋村里有一株高达 25m 的拐枣树，胸径达 1.26m，冠幅 $270m^2$，估计树龄在 300 年左右。查韶关市古树名木志，并无此类树种记载，据此可推断，此棵拐枣应是韶关市最大的。

③ 阴元银杏

位于冯屋村古祠堂旁的一棵古银杏树，有 1000 年树龄，属雌雄异株树，银杏果长在叶子上。

④ 其它古树名木

森林公园内古树名木众多，除古银杏和古枳椇树外，还有香樟、铁冬青、豆

梨、石楠、荷木、板栗、梨树等，树龄均在 100 年以上，数量近 100 株，主要分布在村宅旁和村后风水林内。其中，树龄最大的为一株荷木，位于冯屋村村后，树龄达 800 年，胸径约 50cm，具有较高的景观价值。

5. 动物资源

森林公园内较好的森林植被、人为干扰较小的生态环境为野生动物提供了充足的食物和适宜的栖息场所。

（1）褐翅鸦鹃

国家Ⅱ级重点保护动物。公园范围内常见，多见于林缘地带和次生灌木丛内。常下至地面，但也在小灌丛及树间跳动，比小鸦鹃更喜较厚植被。

（2）小鸦鹃

国家Ⅱ级重点保护动物。喜山边灌木丛、沼泽地带及开阔的草地包括高草。常栖地面，有时作短距离飞行，于植被上掠过。

（3）隐纹花松鼠

森林公园内具有较高观赏价值的野生动物还包括隐纹花松鼠，这是一种较常见的松鼠，在坳背村和冯屋村的银杏林里经常可以看到。尤其是坳背村的后龙山，在此活动着十几只松鼠，采食板栗、松果等，其抱着栗果啃食的憨态可掬的模样，惹人喜爱。

6. 古代人文

（1）军营古寨

军营寨是一处古寨，年代现已无法考据，但该处是江西进入南雄的通道中的一处险要之地，颇具“一夫当关，万夫莫开”的地势。古人屯兵于此，安营扎寨，是非常有意义的。现该处仅存几块巨形基石磊成的古寨门和“军营寨”几个字，村子居住有 20 多户人家。

（2）冯屋古村

冯屋古村是迳洞村委会下的自然村，现保存良好的当地民居。民居类型主要为泥砖屋，房屋用田泥制成的长方形砖垒叠而成，建有天井和走廊，两边开横门，是南雄传统的民居类型之一。冯屋青瓦土房，屋前青山良田，屋后竹林婆娑，具有浓厚的乡村气息。每年 11~12 月，银杏叶洒落在青瓦之上，景色相得益彰，深受摄影爱好者和旅游者的亲睐。冯屋也是电影《亲爱的》的取景地。

（3）太傅名第

位于坳背村，由邓氏族人建于清代，以纪念邓氏先人邓禹。邓禹（公元 2~58 年）为东汉中兴名将，“云台二十八将”之首，东汉明帝时拜为太傅。太傅名第是坪田镇最大的宗祠。祠堂为二面坡二井三厅青砖黛瓦马头墙建筑，正门楼为三级马头墙硬山式建筑，峻峭的马头，陡立的垂脊，令人敬仰。檐上蓝底金字行书“太傅名第”匾，一对顶雕椒图咬环图饰的红砂岩抱鼓石伫于门前，突出了宗祠的尊贵地位。祠内进深 15m，宽 8m，120m^2 开，两座戴三重牌坊额侧门。祠堂内“南星堂”天井棚顶正面阳雕太阳仙花图、“南阳堂”神龛隔板的圆形方孔钱组合透窗等，均具备较高的文物保护价值。

（4）冯氏宗祠

冯氏宗祠位于冯屋村最高处，始建年代不详。宗祠原为泥砖瓦木结构，清光绪三十四年 (1908) 重建，为灰沙舂墙加火砖瓦木结构，分前后两进，雕樑画栋，高大

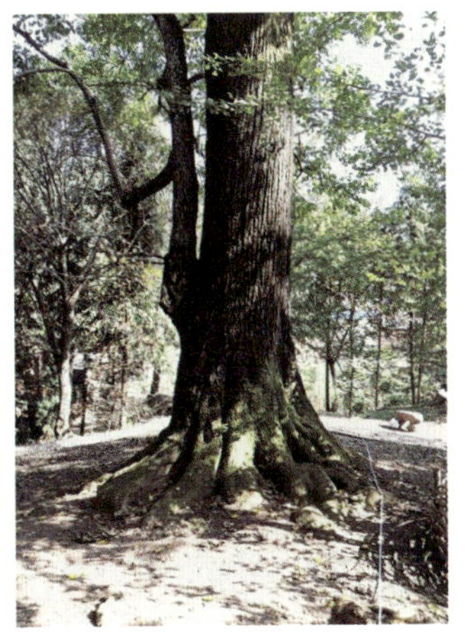

雄壮，属岭南锅耳楼的建筑风格。冯氏宗祠坐东北向西南，正大门额题“冯氏宗祠”四大字，左有“光绪戍申年八月初七日辰时重建”，右有“清邑芦苞裔孙、庠生成应财送石门，麦全刻”字样。门楼坐西北向东南，上题“三元第”，表明本族世系乃出自三元及第的冯京。冯氏宗祠除了“崇宗祀祖”之用外，也是冯氏后人办理婚、丧、寿、喜等事的重要场所。祠堂文化，既是权利的网络空间，更是个多维的文化空间。祠堂文化与书院文化、家庙族府、地方庙宇文化等建构起地域性文化的立体形态。祠堂代表着一个家族的祖先，蕴藏着一种质朴的精神动力，具有一定的历史和文化价值。

7. 现代人文

（1）现代工程

① 坳背村后龙山凉亭

位于坳背村的后龙山凉亭，为公园游憩步道的休息亭，共有两座，均为攒尖六角亭。凉亭点缀在林间，不仅给登山观景的游客提供了休憩的场所，也不失为一处风景。

② 公园管理处

现已建好的管理处大楼位于老坪田镇的坳背与新墟之间，建筑面积 1840m^2，楼高为 4 层，目前主楼和停车场已基本建成，办公主楼已简单装修，但还未正式使用。

（2）民俗风情

① 游神

以坪田镇为中心的“游神”活动，由“告神”“谢神”两项活动组成。每年八月择吉日“告神”，祈求菩萨保祐人畜平安，五谷丰登。次年正月初二至十二日为“谢神”，一连 10 日，举甲供奉菩萨，演戏，舞龙打狮，十分热闹。整个坪田镇与其毗邻的南亩镇和江西万隆乡、社迳乡部分人共同组织、举办“游神”活动，活动内容包括舞龙舞狮和节目表演等。舞狮多在春节时表演，气氛热烈，表达了劳动人民在节日的欢快活泼以及对生活和土地的无限热爱。

② 南雄采茶戏

采茶戏约在清乾隆年间，由南康、信丰和龙南等地传入南雄，音乐唱腔由赣南采茶灯及南雄民间音乐组成，初期戏中角色较少，生、旦、丑 3 个行当任演员，配上胡琴一把，锣鼓一面，5 人一组，便可表演。采茶戏舞台表演运用矮步步法，根据劳动中的上山、下山及摘茶动作演变而来，并运用于舞台表演。唱腔穿插三

字腔，表演以地方语言为主。1958 年 7 月 1 日，南雄采茶剧团成立，先后创作《赛龙舟》《打鸟》《拉靠山》等 200 多个古代、现代剧目。《追车记》，1999 年获广东省第三届群众戏剧花会金奖，2001 年又获全国第十一届“群星奖”金奖。《拉靠山》2002 年 12 月参加广东省第四届群众戏剧花会调演获银奖和组织奖。

③ 烧火堆

坪田村村民过年时特有的风俗，自建村起一直保留至今。村里设立“年头”(即这一年村宗文间的主事，按户轮流，每四户为一年头)，在大年三十下午开始生好火堆，全村群众围坐在一起，谈古论今或是说说一年来在外经商、务工的经历。众堂上点上一枚高的花烛，守花烛、“烧火堆”直到初四晚上。“年头”是以户为单位照轮，每年的腊月二十四日举行“年头”交接仪式。这个特色风俗每年都吸引了摄影爱好者前来采风。

8. 主要景点

(1) 洪泰山

位于冯屋村南面，海拔 715.9m，是森林公园内最高峰。此处山坡陡峭，沟谷幽深，地形险要。每当清晨，在冯屋村远望洪泰山，主峰云雾缭绕，傍晚则霞光熠熠，灿若桃花。登临主峰，近可俯瞰森林公园内群山峦影、云山雾海，远可观坪田镇区，是登山远眺的好去处。

（2）马鞭山

位于军营寨北，海拔 520.4m。山体呈东西走向，山体坡度相对平缓，山上现状植被以油茶为主。登军营寨可观此山。

（3）峰群

公园属花岗岩丘陵地形，山体浑圆，山地平缓起伏，在军营寨、冯屋村等地均可观赏到峰峦起伏的景观，山上保存着较好的森林植被，山间鸟语花香，环境幽静，景色宜人。

（4）沟谷

森林公园内沟谷景观较少，位于冯屋村后，有一条小山坑，周围森林林相较好，最高峰是高楼井，海拔 670m，山体相对高差 200m，山脚下小溪流水潺潺，田边野菊盛开，空气清新，颇有田园风光，可以开发成独具特色的田园山水农庄景点。

（5）鱼塘

位于坳背村口，现有一处小水塘，占地面积 0.1hm^2，水塘周围竹阔混交林景观，池塘内长满了水生蕨类植物满江红，一年四季呈现出红色，湖岸山风徐徐，空气清新，具有较好的景观价值和开发利用价值。

（6）坳背古井

该井隐于坳背老村的古银杏群中，是一眼水清见底、四季清凉、甘甜可口的山泉，现仍然是坳背村十几户村民世代享用的饮用水水源地。游客见此泉多有装上几瓶带回家中享用的习惯，以示沾点古银杏的财气之意。

（7）军营寨日出

军营寨是坪湖村委会的一个边远小村，坐落于山脊上，海拔 470m，与江西社迳乡接壤。村子海拔不高，但地理位置十分优越，村子所在的山脊是周围山系的东部制高点，村子东南方向是顺次降低的山岭，山体绵延几公里后便是一马平川，视线开阔。该景点以观赏日出最为出名，有“军营日出赛丹霞”的美名。

（8）季相景观

春季嫩芽抽穗，森林色彩斑斓，夏季林静翠滴，风轻水碧，秋季果林硕果累累，银杏染秋，冬季气候温和，公园四季景色各异，有利于因时而异地开展保健、疗养、避暑、休闲等旅游活动。

（9）军营寨云海

军营寨是观赏云雾景观的最佳地点，每当雨过天晴之时，山下万顷森林仿佛蒙着一层轻纱，淡淡的云雾在林间缭绕，远处的山景和城镇时隐时现，犹如一幅淡彩的山水画，令人心旷神怡。

9. 特色饮食

白果煲鸡、酸笋鸭、烧芋圆、番薯干、年糍等。

10. 特色商品

茶油、白果等。

11. 餐饮设施

主要分布在公园游客集散中心、度假酒店、特色民宿和露营地内。

12. 住宿设施

（1）坪田度假酒店

位于坳背村东面山坳，规划建筑面积 9000m^2，定位为高档度假和商务休闲酒店，以满足中高端游客和商务会议旅游的需求，该酒店规划设置 360 个床位，并配设餐饮、森林疗养馆、商务中心、各类会议室和健身室等设施。

（2）冯屋特色民宿（林野闲居）

依托原汁原味的乡村风情，结合村庄环境整治，整合现有的农家乐资源，对冯屋村民居进行改造和重建，定位为家庭式休闲住宿，配备农家特色餐饮，以满足经济型消费游客的需求，规划床位 100 个，规划建筑面积 2500m^2。

（3）军营寨主题旅舍

以军事为主题修建的主题度假旅舍，打造夏季度假消暑胜地和体验军事主题休闲活动的场所，规划床位 40 个，建筑面积 1000m^2。

（4）露营地

在军营寨露营地配置 100 个露营帐篷点。

13. 购物设施

主要设置在人流聚集区域，规划服务点 4 个，占地规模为 50m^2/ 处，为游客提供购物、饮料、小食和简单的咨询服务等。

14. 自驾游路线

（1）深圳去南雄自驾路线

广深高速——广州北二环——京珠高速——曲江下。曲江出口下高速后直行，第二个路口右转，直行过一个桥之后右转，直行至一个三叉路口，往右走，直行至锦兴加油站，油站在一个三叉路口，左转往江西方向走，直行即到南雄。南雄到坪田镇还有 50 多公里，而且路况很不良，需要一个小时。

（2）广州去南雄自驾路线

① 京珠高速线

京珠高速粤境段韶赣高速直接到南雄）——106 国道（或马坝、经韶关火车站）——韶关东郊收费站——始兴——南雄市区——省道 S342 线（至乌迳交警中队）——老龙（坪田镇政府所在地）——坪田银杏基地。

② 粤赣高速线

粤赣高速——江西省信丰县（下高速）——信（丰，南）雄公路（省道 S342 线）——乌迳交警中队——老龙（坪田镇政府所在地）——坪田银杏基地。其中雄信公路（S342 线）信丰段有望于 2017 年底完成改造任务。

③ 东莞去南雄自驾路线

广深高速——北二环高速——北二环——京珠高速——317 县道——106 国道——323 国道——浈江路——大成街——爱民路——南雄——乌迳——坪田。

④ 佛山去南雄自驾路线

佛山——粤赣高速——江西省信丰县（高速下）——信（丰，南）雄公路（省道 S342 线）——乌迳交警中队——老龙（迁新址后的坪田镇政府所在地）——坪田银杏基地（原坪田镇政府）。全程约 5 小时。

15. 公共交通路线

（1）公交交通

森林公园距离坪田镇区约 9km，镇区距离南雄市区 43km，有县道 343 可通往南雄市，公路交通条件相对滞后。但随着京珠高速粤境段和粤赣高速南雄段的开通，外部交通条件将得到极大的改善。京珠高速粤境段可接韶赣高速直接到南雄市区，走省道 S342 线可到老龙（坪田镇政店所在地），该路段 2016 年底有望建成通车；

粤赣高速南雄段将由江西省信丰县——信（丰，南）雄公路——乌迳交警中队——老龙（坪田镇政店所在地）。

（2）铁路交通

距离森林公园最近的火车站为南雄火车站，属赣韶铁路沿线，已于 2014 年 9 月建成通车，为当地提供了便捷的交通条件。

五、森林公园旅游注意事项

随着生态旅游的热度逐渐上升，旅游成为一种潮流，一种提高生活质量的方式，而其中，森林公园的热度最甚，但森林环境较原始，属于比较危险的地带，因此，深入森林的旅游者应做到以下注意事项，保护好自身安全。

1. 爱护大自然，保护野生动植物

在森林公园旅游时，要注重环境保护。应做到不随意砍伐、狩猎、野外用火、乱扔垃圾。在观察野生动植物时，应保持一定距离，不投喂、尾随、惊吓野生动物；不放生动物、携带宠物、移植植物；遇到受伤野生动物应告知景区管理人员；不攀折、刻削、砍伐或采挖野生植物；对公园内出现危害野生动植物的行为应予以提醒、劝阻或举报；不在林区或者保护区内随意采摘标本，摘尝野果。有些种类的植物，它们的汁液、花朵或果实鲜艳诱人，但往往具有毒性，若随意采摘，很容易造成人身伤害。

2. 选择有接待能力的森林公园为主要目的地

不能选择无移动信号，离救生站或人类居住地远，原始程度完整的森林公园。选择有接待能力的森林公园，确保其拥有较为完善的基础设施和接待服务设施，可以保障游客的正常旅游需求。

3. 精心选择游览线路以及科学安排游览

在出发前必须要有精细的计划，设计多条游览路线，确保其相近的同时，不偏离主要道路，应沿森林公园标示的游览道路行走或请导游带领。如去较远、较偏僻的林区或未开发的原始森林时，应有当地向导领航，以免发生意外。

日浏览量不宜太长，应在太阳下山前两小时前停止行程。

4. 了解最佳旅游季节以及天气情况

了解森林公园每个季节的景观情况。不管是春季的繁花似景，夏季的涓涓细流，秋季的红叶满山，还是冬天的银梅遍山，森林公园的每个季节和特点都各有不同，应根据个人喜好，选择出行季节。天气情况是保证出行旅游质量重要条件之一。例如，夏季广东省范围常有台风侵袭，雨水较多，出行前，了解目的地的天气情况，做好物品准备，以免有突发性的灾害发生。

5. 最好以家庭为单位或若干人组团前往游览

除非有丰富的野外生存经验，否则不要尝试独自游览。建议进行多人组合。

6. 做好预防蚊虫叮咬、毒虫毒蛇咬伤的准备

向当地人询问驱虫防野外生物的方法和禁忌，携带充足的抗生素、红药水、蛇药等药物。

7. 鞋子要舒适防滑，穿长衣长裤，避免树枝扯挂

森林旅游最重要的是服饰的选择，穿着合理亦能避免危害发生。森林中蚊子、扁虱、水蛭等害虫很多，不可贪图凉快，穿短衣、短裤以及凉鞋进行游览。在森林中穿行，鞋子要防水防滑，穿衣长衣长裤，并且扎紧裤腿和袖口，避免毒虫、毒蛇咬伤以及树枝扯挂。

8. 携带通信工具或简易报警器材

必须准备的工具有手电筒、哨子、喇叭、指南真、多用小刀、绳子、雨衣等，并带上救急药品。迷路时，应沿大路下山。如果密林里没有明显的路径，则应沿着溪水的流向走。

9. 遵守森林公园的游览规定

不可狩猎、野外用火、采集标本、遗弃垃圾等。

10. 做一名生态旅游者

生态旅游是一种新的旅游形式。参加生态旅游的游客，在欣赏自然美景的同时，要注意不以个人意志强加于自然和其他生命，如见到野生动物不要去打扰，更不可捕猎，学会静默观察，用心去感受大自然间灵动气韵。可以通过摄影、写生、写作等方式感悟自然。做一名生态旅游者，应做到以下几点。

（1）在参观前，应主动了解并尊重当地的传统文化、宗教习惯和生活方式等。

（2）言行举止应得体，特别是在村庄、宗教和文化场所。

（3）自觉做到不踩踏珍稀植物，不采集受保护和濒危的动植物样本。

（4）不购买、不携带受保护生物及制品。

（5）不乱丢垃圾、不污染水土，去特殊地区自备收纳工具，将垃圾运回。

（6）积极参加保护自然生态的各种有益活动。

（7）通过旅游实践，了解人与自然的关系，对自己日常生活与环境关系得到更深刻的认识。